U0195752

住房和城乡建设部“十四五”规划教材
教育部高等学校建筑学专业教学指导分委员会室内设计工作委员会规划推荐教材
高等学校室内设计与建筑装饰专业系列教材
中国建筑学会室内设计分会水平评价系列指定教材

室内设计表现图技法

Rendering Techniques For Interior Design

(第四版)

符宗荣 曹正伟 杨古月 林雪源 编著

中国建筑工业出版社

出版说明

党和国家高度重视教材建设。2016 年，中办国办印发了《关于加强和改进新形势下大中小学教材建设的意见》，提出要健全国家教材制度。2019 年 12 月，教育部牵头制定了《普通高等学校教材管理办法》和《职业院校教材管理办法》，旨在全面加强党的领导，切实提高教材建设的科学化水平，打造精品教材。住房和城乡建设部历来重视土建类学科专业教材建设，从“九五”开始组织部级规划教材立项工作，经过近 30 年的不断建设，规划教材提升了住房和城乡建设行业教材质量和认可度，出版了一系列精品教材，有效促进了行业部门引导专业教育，推动了行业高质量发展。

为进一步加强高等教育、职业教育住房和城乡建设领域学科专业教材建设工作，提高住房和城乡建设行业人才培养质量，2020 年 12 月，住房和城乡建设部办公厅印发《关于申报高等教育职业教育住房和城乡建设领域学科专业“十四五”规划教材的通知》（建办人函〔2020〕656 号），开展了住房和城乡建设部“十四五”规划教材选题的申报工作。经过专家评审和部人事司审核，512 项选题列入住房和城乡建设领域学科专业“十四五”规划教材（简称规划教材）。2021 年 9 月，住房和城乡建设部印发了《高等教育职业教育住房和城乡建设领域学科专业“十四五”规划教材选题的通知》（建人函〔2021〕36 号）。为做好“十四五”规划教材的编写、审核、出版等工作，《通知》要求：（1）规划教材的编著者应依据《住房和城乡建设领域学科专业“十四五”规划教材申请书》（简称《申请书》）中的立项目标、申报依据、工作安排及进度，按时编写出高质量的教材；（2）规划教材编著者所在单位应履行《申请书》中的学校保证计划实施的主要条件，支持编著者按计划完成书稿编写工作；（3）高等学校土建类专业课程教材与教学资源专家委员会、全国住房和城乡建设职业教育教学指导委员会、住房和城乡建设部中等职业教育专业指导委员会应做好规划教材的指导、协调和审稿等工作，保证编写质量；（4）规划教材出版单位应积极配合，做好编辑、出版、发行等工作；（5）规划教材封面和书脊应标注“住房和城乡建设部‘十四五’规划教材”字样和统一标识；（6）规划教材应在“十四五”期间完成出版，逾期不能完成的，不再作为《住房和城乡建设领域学科专业“十四五”规划教材》。

住房和城乡建设领域学科专业“十四五”规划教材的特点：一是重点以修订教育部、住房和城乡建设部“十二五”“十三五”规划教材为主；二是严格按照专业标准规范要求编写，体现新发展理念；三是系列教材具有明显特点，满足不同层次和类型的学校专业教学要求；四是配备了数字资源，适应现代化教学的要求。规划教材的出版凝聚了作者、主审及编辑的心血，得到了有关院校、出版单位的大力支持，教材建设管理过程有严格保障。希望广大院校及各专业师生在选用、使用过程中，对规划教材的编写、出版质量进行反馈，以促进规划教材建设质量不断提高。

住房和城乡建设部“十四五”规划教材办公室

2021 年 11 月

第四版前言

“表现”即“表达”。

室内设计师往往通过语言、文字、图画、模型和电脑表现等抽象或具象地表达的设计意图。本书25年前便由此应运而生，经历前三版的删减、增添、改写，内容从注重设计效果、表现技巧逐渐演变成关注设计思维、表现基础训练。紧跟时代步伐，把握动态脉络，以一技多能应千般变化，是我们再版修订本书的目标。

室内设计思维不仅融贯在设计作品的理念、风格、情趣之类的精神层面，也体现于作品的空间尺度、形状大小、界面曲直、肌理以及色彩配置等可以眼见目测的空间形态之中，也是本版再度强调徒手基础训练的初衷。

本书仍然面向在校的室内设计专业或相关学科的学生。即使在电脑设计广泛普及的今天，徒手表现仍是不可或缺的基本功。无论在纸上或电脑平板上，手绘技巧既是准确、高效而优美地表达出设计意图的基础手段，还是充分表现设计师及其作品的艺术品位的关键。目前，由最高端的电脑软件绘制的最复杂的效果图，也难免流于刻板和程式化。而手绘而成的图形都会产生人文主义的随机性，人手独创的艺术性由此而生。

虽然未来社会很可能越来越依靠机器和AI，但人文主义的艺术追求永不停歇，甚至还会弥久弥高。谨此，希望本书改版之后，能为未来的艺术设计教育更添亮色。

此次再版，本书的作者由过去的个人专著改为多人团队合著，增强编绘能力，扩宽范例收集范围，使之更好与课程教学结合，与设计行业工程实践接轨。其中除第一作者符宗荣教授仍然负责本书的总体架构和图例收集外，曹正伟负责文案修改和整体编排，杨古月、林雪源负责补充图例。全书图录除注明作者外，皆为符宗荣教授所绘。本书的审稿工作由欧阳桦教授负责。

本书稿完成不久，符宗荣老师因病去世，这本书也成为他留给我们最后的作品。

第一版前言

随着社会主义精神文明与物质文明的不断提高，人们对工作与生活的环境都提出了新的更高的要求。室内环境设计的概念已被广泛接受，室内环境设计成为当今的热门学科。无论沿海或内地，无论大中城市或小城镇，室内装饰市场均异常火爆，各种级别的装饰公司有如雨后春笋迅速发展，许多建筑与艺术院校相继开设了室内设计专业。在这种情势下，与室内设计工程紧密相关的室内设计效果的表现，以及表现图课程的教学训练显得尤为重要和迫切。

从近期的一项调查显示，所有持照开办的装饰公司里受过专业训练的设计人员平均还不到一个，能拿得出手的表现图绘画师更是凤毛麟角，在校接受训练的室内专业学生也都亟待掌握进入社会设计市场的敲门砖——效果表现图。

诚然，学习的手段和办法是多方面的。目前，大多数室内专业的学生和部分已在岗的业余表现图爱好者，主要是从一些出版物上直接观摩或效仿那些已完成的室内效果表现图，期望从结果出发，去"悟"出点图中的画法与技巧。然而，这种"悟"性并非人人皆"慧"，事倍功半往往是这种"悟"性学习法的结果。笔者多年从事设计与表现技法课的教学，对此深有体会。鉴于目前社会的需求与室内专业教学的需要，编著这本《室内设计表现图技法》，旨在为本专业的学生和业余表现图爱好者提供一本系统完整，论述有一定深度；由浅入深，讲究循序渐进；风格多样，技法尽可能周全；内容充实，从基础到修养、从技法到步骤、从材料到质感、从色彩到空间……全面、务实、可读、可学、可欣赏的案头书卷。

就书中内容而论，笔者极愿以知无不言、言无不尽的精神，将本人所具见识尽献在读者面前，只是由于时间紧迫又诸事缠身，许多地方言不尽兴，加之笔者身处内陆，陋见寡闻，尤恐词不达意。去年也曾耗资竭力，上北京、下广州、进深圳、入上海拜访了一些前辈与同道，也征集到当地一些高手的作品，为本书增色不少，在此一并表示谢意。笔者这里还要强调：中国建筑工业出版社的王玉容副编审在成书的关键时刻亲临山城，给予悉心的帮助，为此特别向她致以真诚的谢意。著书过程参阅了一些先行者的大作，获得不少教益与启发，深表感谢，也期望广大读者给予本书批评、指正。

目　录

第1章

室内设计表现图概述

1.1　室内设计表现图的意义

1.2　室内表现图的四原则

第 1 章　室内设计表现图概述

1.1　室内设计表现图的意义

室内设计表现图（也称室内设计效果图或室内设计透视图）是室内设计工程图纸大类中的一种，通过绘画手段直观而形象地表达设计师的构思意图和设计最终效果。

1. 效果图的草图阶段

设计师在设计过程中的各个阶段都可能画出一些构思造型所需的效果草图。这些草图往往不限于二维的平、立面，同时也常常利用三维透视原理进行立体的空间构思和造型。这种直观的形象构思是设计师对方案进行自我推敲的一种方式，也是设计师相互之间交流探讨的一种语言。它有助于观者理解空间造型和整体设计。其表现手段讲求精练、简略、快速、生动，而表现工具常为钢笔、铅笔、马克笔，表现风格趋于个性化。

2. 效果图的定稿阶段

一旦效果图到了定稿阶段，则要求画面表现的空间、造型、色彩、尺度、质感都应准确、精细，并具备一定的艺术感染力，使受众信服、感动。为此，设计师多采用表现力充分、便于深入刻画的绘图工具和手段，比如水彩、水粉、电脑以及多种媒介的混合运用，表现风格则更强调社会审美的共性。

1.2　室内表现图的四原则

无论哪种表现图，都应遵循四大基本原则：真实性、科学性、艺术性和时尚性。

1. 真实性

室内设计表现图的最终效果必须符合设计环境的客观真实，如室内空间体量的比例、尺度等，在立体造型、材料质感、灯光色彩、绿化及人物点缀等诸方面也都必须符合设计师所追求的效果和气氛。

真实性是效果图的生命线。画者绝不能脱离实际尺寸而随心所欲地改变空间的限定，或者完全背离客观内容而主观片面地追求画面的某种“艺术趣味”，或者错误地理解设计意图，表现出的气氛效果与原设计相去甚远。这类委托画师作图而使设计师深感遗憾的事时有发生。这就要求无论设计师本人或接受委托的画师都必须有一个共识——真实性始终是首位。

表现图与其他图纸相比更具说服力，而这种说服力就寓于真实性之中。业主（甲方）大多是从表现图上领略设计构思和装修完成后的效果。

2. 科学性

为保证效果图的真实性，避免绘制过程中出现的随意或曲解，必须按照科学态度对待作图过程的每一个环节。无论是起稿、成图或者对光影、色彩的处理，都必须遵从透视学和色彩学的基本规律与规范。这种近乎程式化的理性处理过程往往是先苦后甜，甚至有些枯燥。但若草率从事，结果却是欲速则不达。对此，笔者在数年的绘图实践中深有体会。当然也不能把严谨的科学态度看作一成不变的教条，当你熟练地驾驭了这些科学的规律与法则之后，就会完成从服从规则到自由表达的过渡，就能灵活地而不是死板地、创造性地而不是随意地完成设计最佳效果的表现。

科学性既是一种态度也是一种方法。透视与阴影的概念是科学，光与色的变化规律也是科学，空间形态比例的判定、构图的均衡、水分干湿程度的把握、绘图材料与工具的选择和使用等也都无法避开科学性。

建筑表现绘画中所强调的稳定性也属于科学性的范畴。室内表现图中经常出现的界面或梁柱歪斜、家具陈设搁置不平、前后空间矛盾等问题也大多因为没有严格按照透视规律作图，或缺少对空间形象变化的准确感受而引起。因而，我们必须在室内表现作图的训练过程中，将画面形体的稳定性作为一个重要内容加以严肃对待。

3. 艺术性

表现图既是一种科学性较强的工程施工图，也能成为一件具有较高艺术品味的绘画艺术作品。近年来，数届成功举办的建筑画展览（其中也都有部分室内表现图）和大量出版的画册得到业界和全社会的普遍赞赏就是明证。一些业主还把表现图当作室内陈设悬挂于墙或陈列于案，都充分显示了一幅精彩的表现图所具有的艺术魅力。自然，这种艺术魅力必须建立在真实性和科学性的基础之上，也必须建立在造型艺术严格的基本功训练的基础之上。

绘画方面的素描、色彩训练，构图知识，质感、光感的表现，空间气氛的构造，点、线、面构成规律的运用，对视觉图形的感知等方法与技巧必然大大增强表现图的艺术感染力。在真实的前提下，合理的适度夸张、概括与取舍也是必要的。毫无取舍地罗列所有细节只能让人感到繁杂，不分主次的面面俱到只能给人以平淡。选择最佳的表现角度、最佳的色光配置、最佳的环境气氛，本身就是一种在真实基础上的艺术创造，也是设计自身的进一步深化。

一幅表现图艺术性的强弱，取决于画者本人的艺术素养与气质。不同手法、技巧和风格的表现图，充分展示作者的个性。每个画者都以自己的灵性、感受去认读所有的设计图纸，然后用自己的艺术语言去阐释、表现设计的效果。这就使一般性、程式化并有所制约的设计施工图被赋予了感人的艺术魅力，才使效果表现图变得那么五彩纷呈，美不胜收。

4. 时尚性

表现图既是集科学性与艺术性的绘画作品，也须与时代同步，与时俱进。改革开放数十年来，全世界的社会生活发生了显著的变化，尤其是中国大陆在高速发展中更是经历了翻天覆地的变化。中国人接触日新月异的生活设施和环境，其眼界被大大拓展，人们的审美态度更加开放，审美品味更新迅速且呈多元化趋势。其中不仅有审美潮流的剧变，还有施工工艺、材料、技术等诸方面的革新和拓展。比如，20 世纪八九十年代的室内装饰材料和工艺早已被更方便、更安全的新材料、新工艺所取代。同时，新材料、新工艺层出不穷，大有彻底改变人们生活模式的倾向。

室内设计表现图如果固守过时的元素而忽视瞬变的新潮，必然会落后于日益进步的社会需求，最终丧失受众的青睐。因此，优秀的室内设计表现图也是应时地反映时代变迁的图像集合，应当及时甚至超前反映时代需求，应当具备足够的时尚性。这种时尚性，不但意味着画面中应该有充分的时尚元素（包括新设施、新材料、新工艺等），也意味着绘画风格要及时适应新型绘画材料和创新型绘画技艺，并尽可能完成与诸如水彩、油画、粉彩、电脑绘图等其他画种的跨画种的交融。换言之，室内表现图应同时表现时尚元素和具备时尚画风，从而体现出充分的时尚性。

综上所述，一幅优秀的表现图应遵循以上四个基本原则。正确认识理解四者间相互作用与关系，在不同情况下有所侧重地发挥它们的效能，对我们学习、绘制设计表现图都是至关重要的。

第2章

室内表现图的构成要素

第 2 章　室内表现图的构成要素

构成室内设计表现图的基本内容即灵魂、骨骼、血肉。

2.1　表现图的灵魂：立意构思

画者无论采用何种技法和手段，无论运用哪种绘画形式，画面所塑造的空间、形态、色彩、光影和气氛效果都是围绕设计的立意与构思所进行的。无论设计师本人的徒手草图或请画师代笔的表现图都或多或少为体现这个根本目的才得以展开。

在绘图的过程中，人们往往容易津津乐道于形体透视和色彩的变化，而忽略设计原本的立意和构思。这种缺少灵魂的表现图犹如橱窗里的时装模特儿，平淡、冷漠，既不能通过画面传达设计师的感情，也不能激发观者（包括业主）的情绪。因而在参与投标的表现图展评中，尽管一些设计表现图的形式具有美感，终因内在力量单薄，缺少动人的情趣或词不达意而被淘汰。

正确地把握设计的立意与构思，在画面上尽可能地表达出设计的目的、效果，创造出符合设计本意的最佳情趣，是学习表现图技法的首要着眼点。为此，必须把提高自身的文化艺术修养，培养创造思维的能力和深刻的理解能力作为重要的培训目的贯穿教学的始终。

2.2　表现图的形体骨骼：准确的透视

设计构思是通过画面艺术形象来体现的，而形象在画面上的位置、大小、比例、方向的表现是建立在科学的透视规律基础上的。违背透视规律的形体与人的视觉平衡格格不入，画面就会失真，也就失去了美感的基础。因而，必须掌握透视规律，并应用其法则处理好各种形象，使画面的形体结构准确、真实、严谨、稳定。

除了对透视法则的熟知与运用之外，还必须学会用结构分析的方法来对待每个形体内在构成关系，和各个形体之间的空间联系。这种联系也是构成画面骨骼的纽带和筋腱。学习结构分析的方法主要依赖于结构素描（也称设计素描）的训练，特别要多以正方形体作感觉性的速写练习，以便更加准确、快捷地组合起骨骼。

2.3　表现图的血肉：明暗、色彩

给透视关系准确的骨骼上赋予恰当的明暗与色彩，可完整地体现一个有血有肉的空间形体。人们就是从这些外表肌肤的色光中感受到形的存在，感受到生命的灵气。一位画师必须在色与光的处理上施展所有的技能和手段，以极大的热情去塑造理想中的形态。作为训练的课题，要注重“色彩构成”基础知识的学习和掌握，注重色彩感觉与心理感受之间的关系 ，注重各种上色技巧以及绘图材料、工具和笔法的运用。

以上三个方面就是构成表现图的基本要素。如果说第一项是“务虚”，而后两项则是“务实”。用内在的“虚”作指导，着力表现出外在的“实”，然后再以其实实在在的形体、色、光去反映表达内在的精神和情感，赋予室内设计表现图以生命。

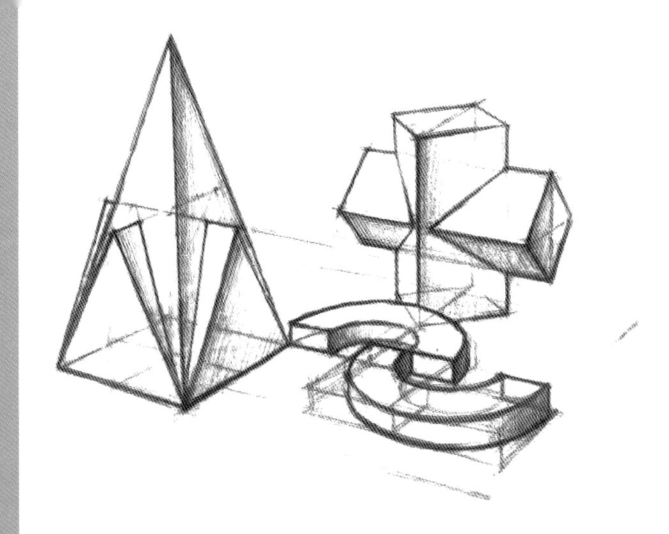

第3章

室内表现图的基础训练

第 3 章　室内表现图的基础训练

各行各业都有自己的基本功，室内表现图也不例外。在表现图的构成要素 1 章中也都提及该内容与相关的基础训练。这类训练可根据各学校和专业不同有所差异。从专业方向上讲，建筑院系的室内专业偏重于建筑设计大体系中的室内空间造型设计、功能设计以及相关的装饰材料的选用等；美术院系的室内专业往往是结合建筑空间的设计，对其进行第二次空间形态的创造，或者对已形成空间作功能更新的变化处理。从个人能力上讲，建筑院系的学生以理工学科见长，逻辑思维能力强，富于理性思考；而美术院系学生则艺术审美力较高，善于针对视觉的形象思维，感性色彩较浓。因而，教师应对其各自的基础训练采取相适应的原则和措施。

下面推荐的训练方法主要是结合建筑与环境艺术专业学生的特点（也适合美术基础较弱的业余爱好者），在有限的课时内学习、掌握两三种符合自己能力和条件的表现技法。

3.1　设计素描练习

设计素描是针对建筑与环境艺术设计学科的思维方式和所需技能而建立的首要训练课题，也是学习室内表现技巧的绘画基本功。设计素描练习可分以下几方面内容：

1. 形与结构

认识形象、塑造形象、用形象来说明设计，是我们理解形的根本意义。

形的构成关系是可以认知的，对空间中的实形与虚形可以对其形状、尺度、方位及光影等诸方面的构成因素进行分析、解剖与判定。这些年来的教学经验证明 ：结构素描（也称设计素描）对培养学生的观察分析能力、空间形态变化的想象能力以及徒手准确表达形体的刻画能力十分有利。

根据感知规律，人们对物像的感受是从表面的形状、色彩和光影开始的。设计素描写生要求画者在观察形体时忽略光影与色彩，而是从影响形状的内在结构因素和外部造型因素入手，分析形态变化的规律及其表现技法。在这里，我们特别强调对基本形态的结构分析：如矩形的对应平行面、对角线及直角转折 90° 之间的关系；圆柱形、圆平面的圆心、轴线与直、曲面之间的关系 ；三角锥形互交角与对应面的中轴对应关系等。与此同时，还须弄清描绘对象与基面（桌面、地面、墙面等）之间的位置、方向及描绘者视角之关系等。在结构分析的基础上：从下至上（基面到立体），从内至外（结构到形状），从大至小（描绘形体大小主先次后），从淡至浓（辅助线浅、实体线深），从模糊至清晰（判断表现物象的过程）。以上五个绘画要点是本书关于设计素描（结构素描）训练中最具特色的，也是十分有效的学术研究成果。它与设计师的草图和表现效果图绘画方法有着程序上和技巧上的直接关系，见图 3-1。

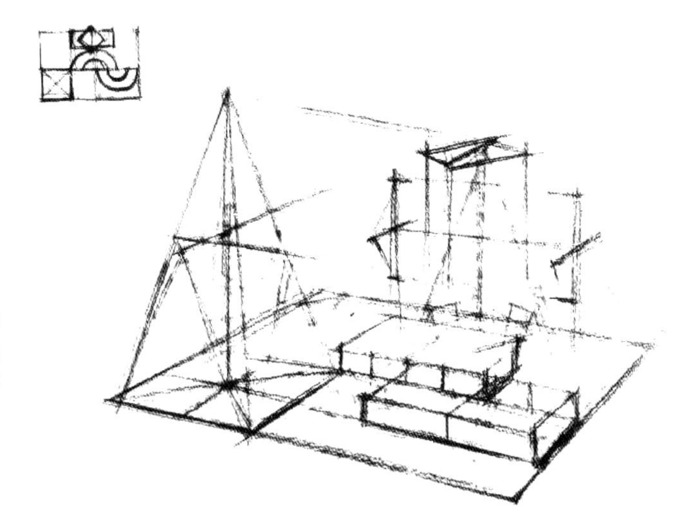

（a）在画面左上角画物体顶视平面图，然后从底部画出矩形的透视图形，确定各形体的底部位置，并依照内部结构关系逐步探寻物体外形。

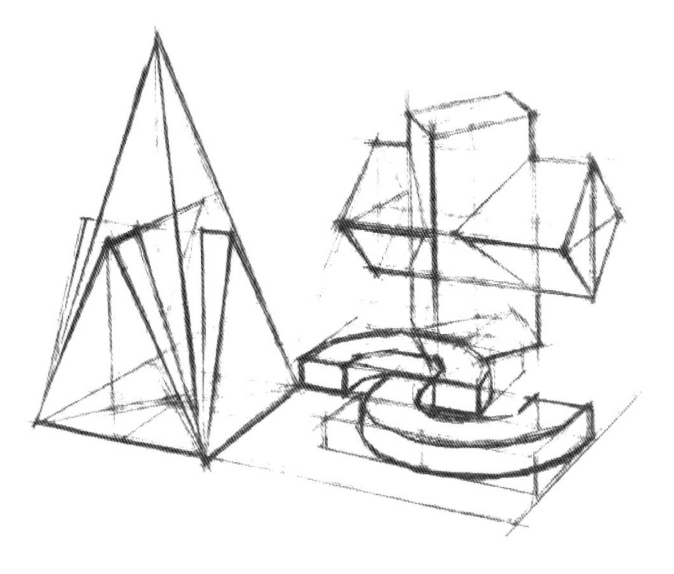

（b）由下至上、由内至外、由淡至浓准确地刻画物体的形态。

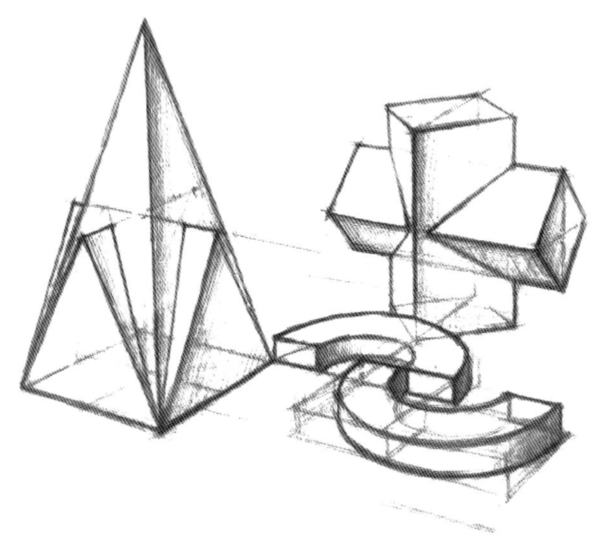

（c）对画面物体的暗部着色，强调明暗交界线，尽可能保留重要的辅助线，以体现素描写生的分析过程。

图 3-1　结构素描练习步骤

设计素描分写生与想象（含记忆与默画）两个阶段。

写生画阶段：以几何形、石膏模型与静物（最好是透明的玻璃制品）为主。作画前，要求学生在画纸上角先画出该组物体的二维平面图，之后还可要求画出立面图，让学生先弄清该物体的原始形状及其相互之间的空间位置。这对培养学生的空间感受与表达能力有极大帮助，见图 3-2、图 3-3。

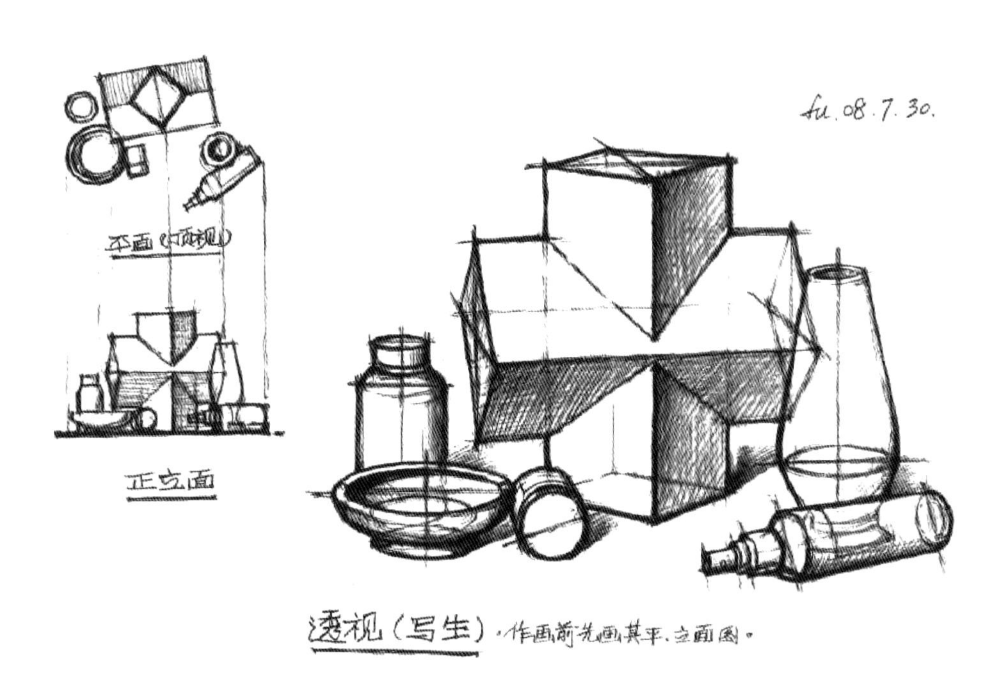

图 3-2　设计素描写生与平、立面图之间的对应关系

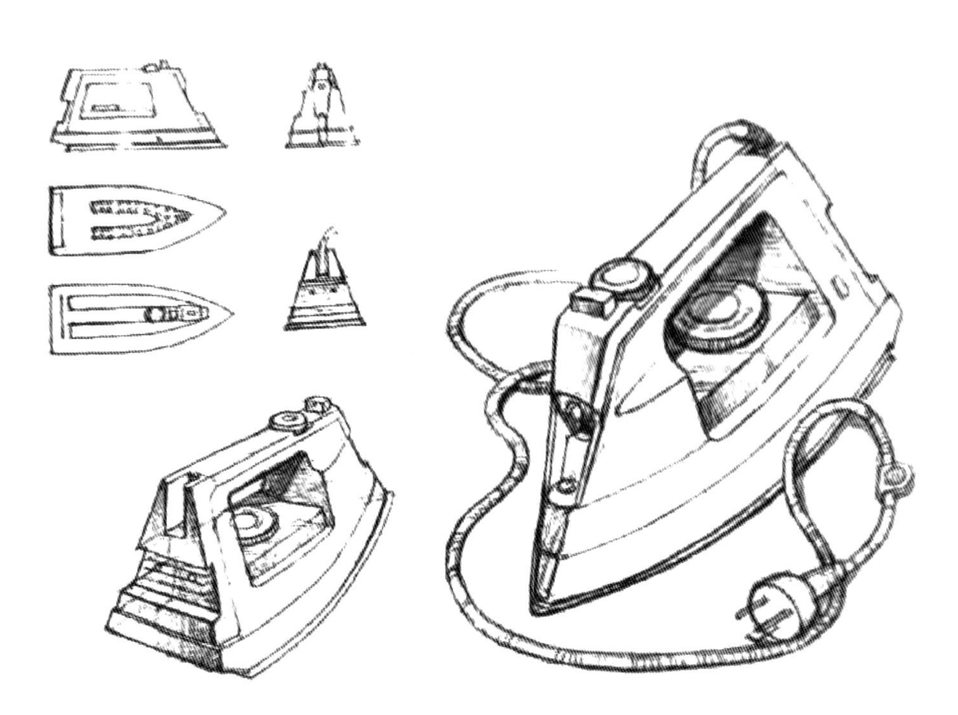

图 3-3　右面为实景写生，左面为 180° 对角想象写生

写生过程还可安排一些训练空间想象力的“90°”或“180°”角的想象或记忆写生，见图 3-4、图 3-5。

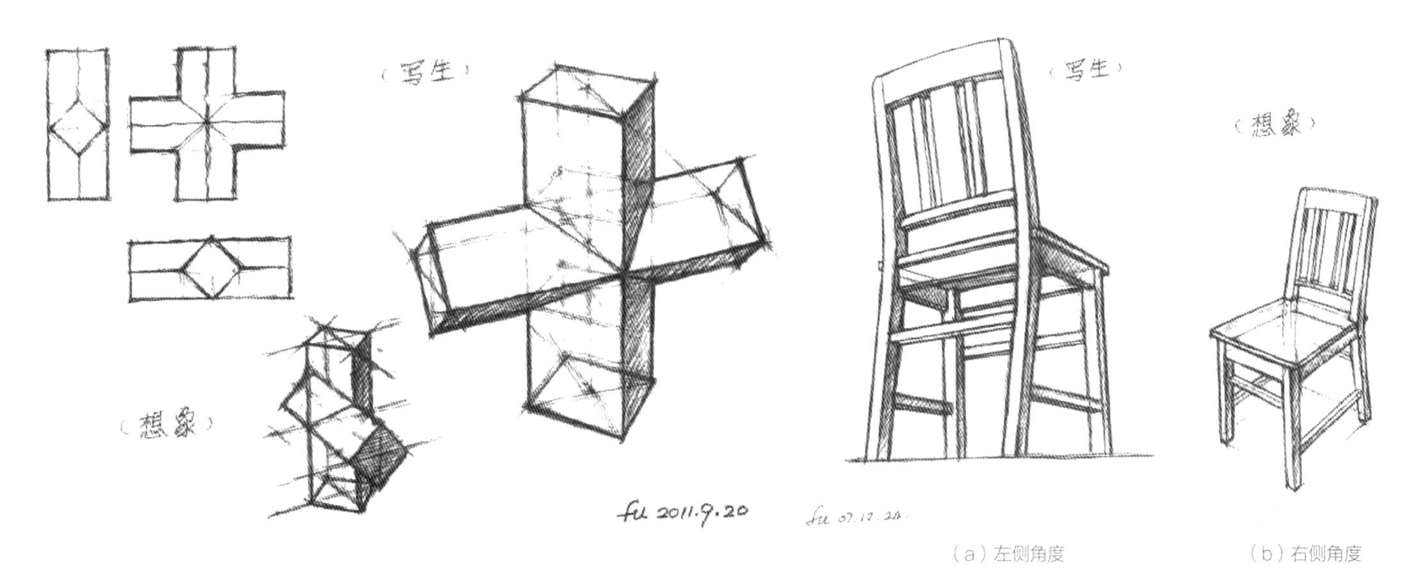

（a）左侧角度　（b）右侧角度

图 3-4　想象与写生训练

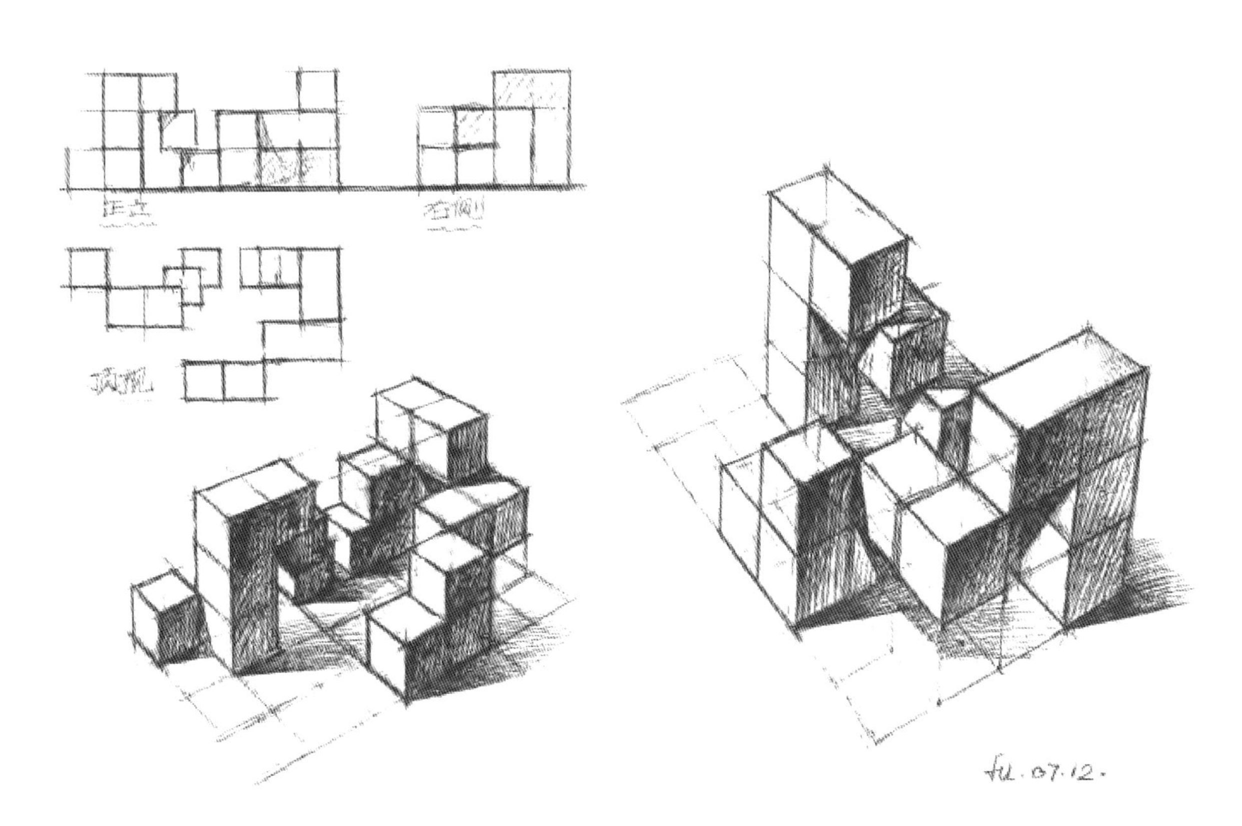

图 3-5　正方形空间想象写生训练

想象画阶段：在提高了对物体平、立面二维图形认知的基础上提供包含矩形、圆形、三角形为构成元素的二维平、立面图形，分别按不同的方位（高度、角度），想象画出准确的三维空间和立体形态来，见图 3-6、图 3-7。

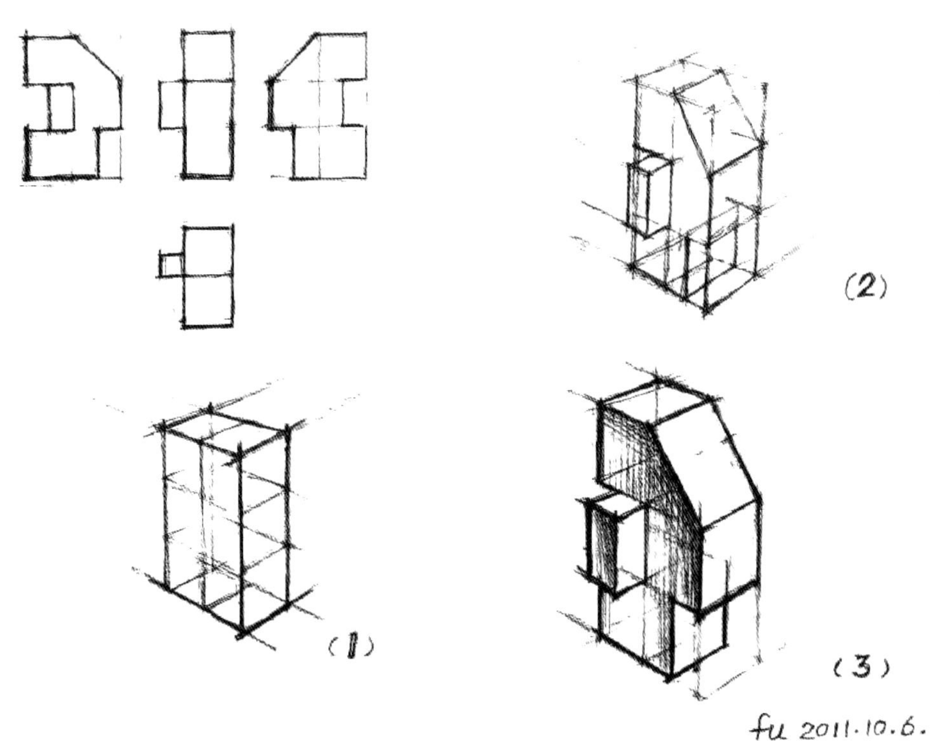

图 3-6　矩形透视步骤分解

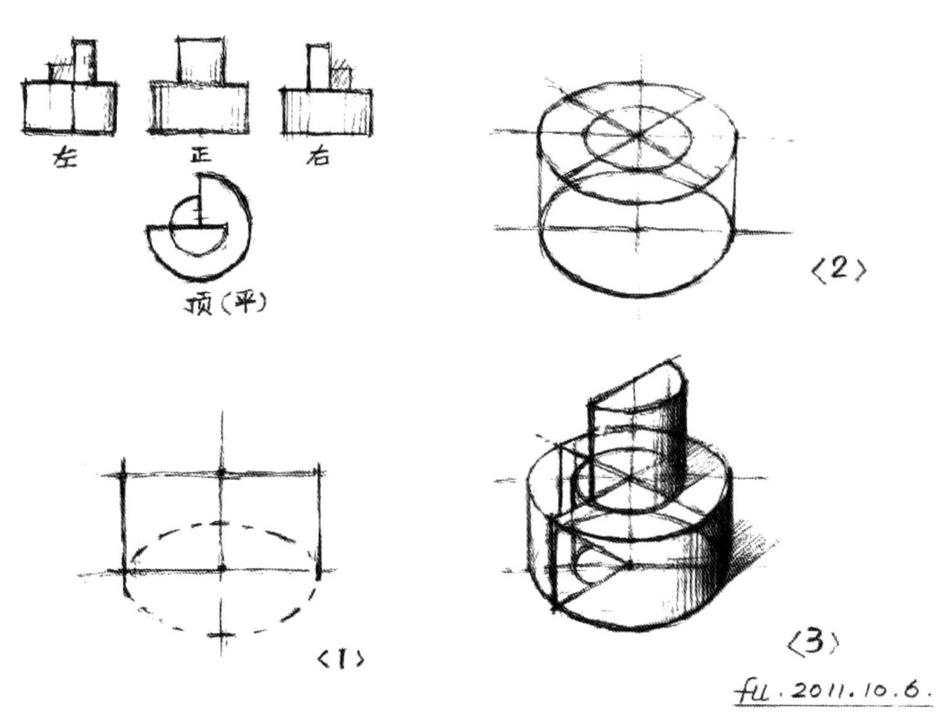

图 3-7　圆柱透视步骤分解

还可以带入构成训练的理念对基本形体作分割与组合，画出理想而优美的图形，见图 3-8、图 3-9。

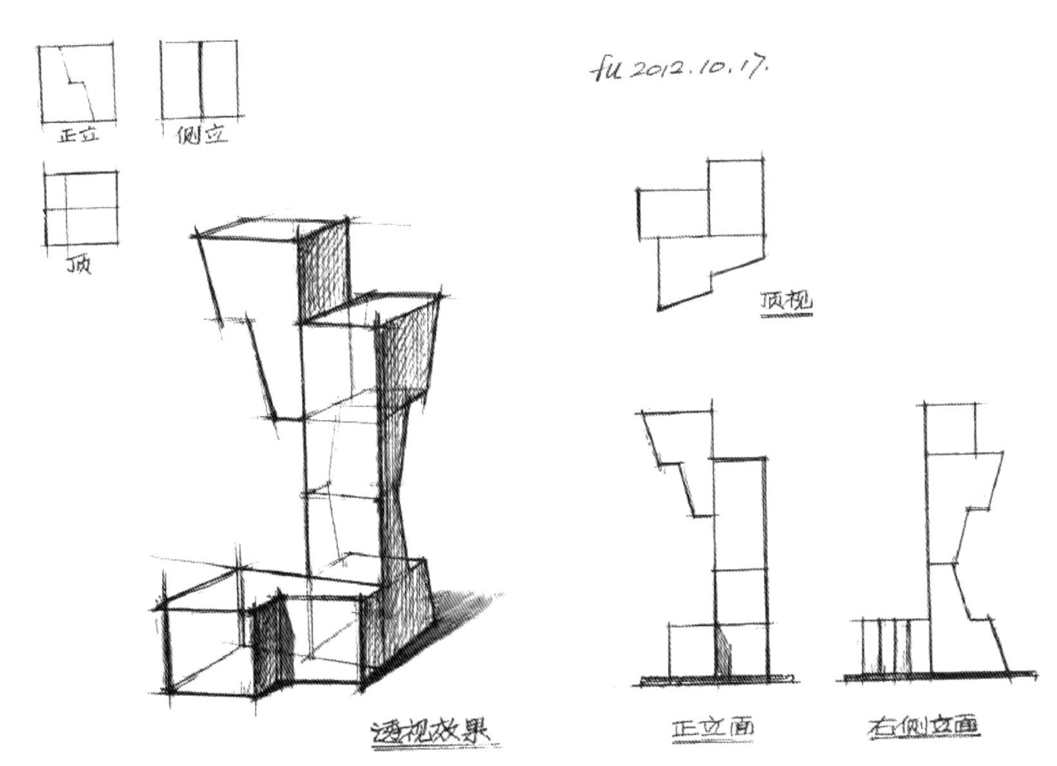

图 3-8　基本形体分割与组合之一

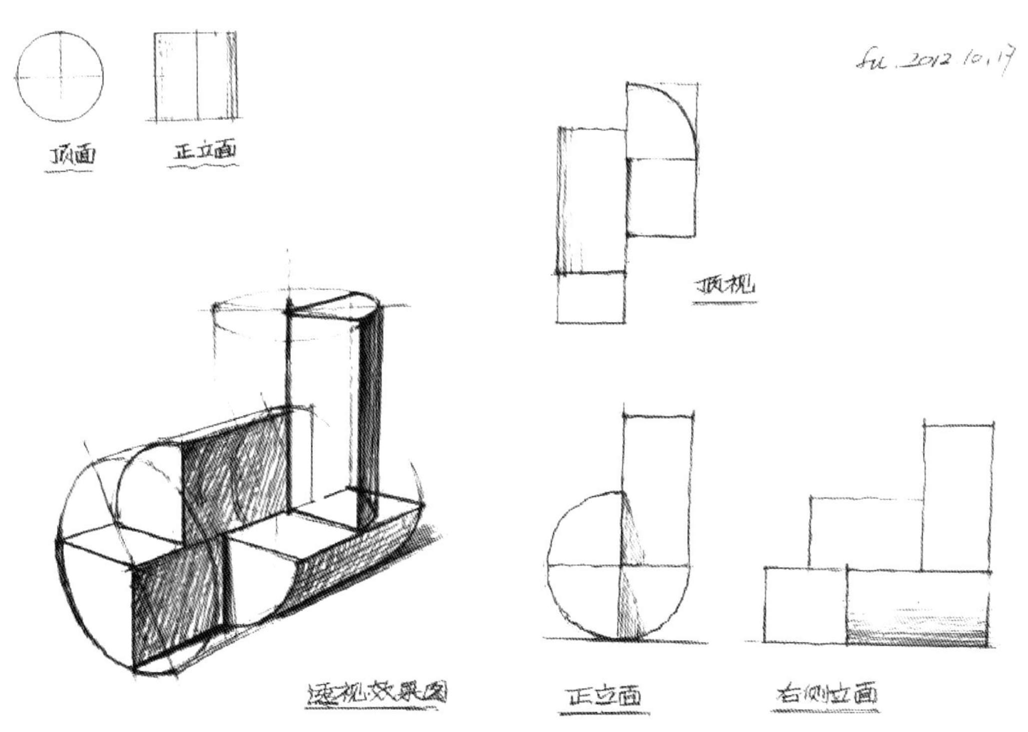

图 3-9　基本形体分割与组合练习之二

结合室内空间特性，可安排一些低视点（视平线居下或居中），依托于界面上的几何形体空间造型想象画练习，见图 3-10、图 3-11。

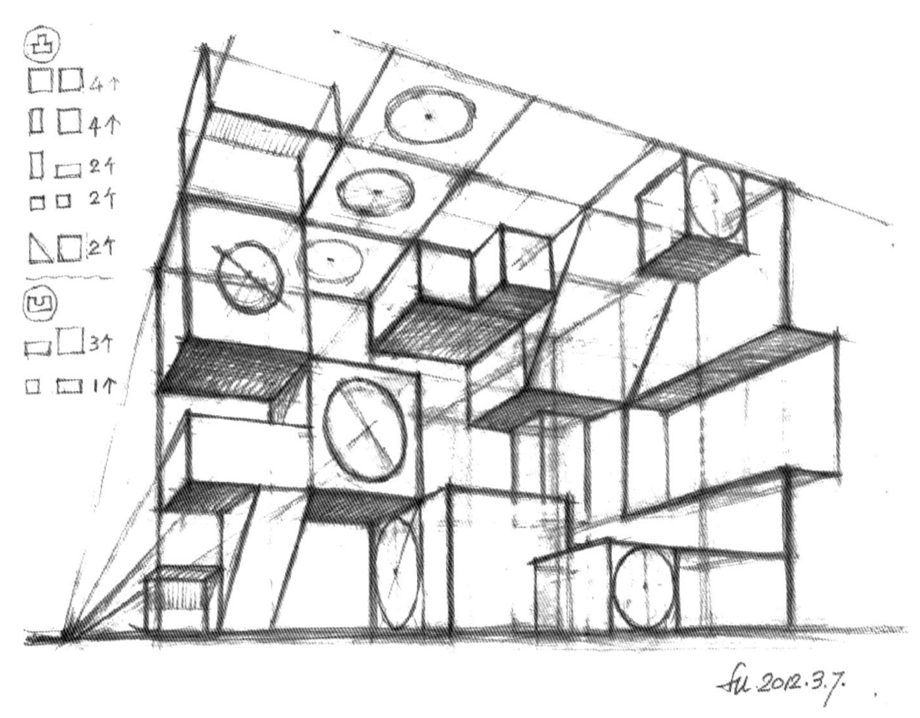

图 3-10　视平线处于底部可见顶面和立面的九宫格正方形凹凸变化练习

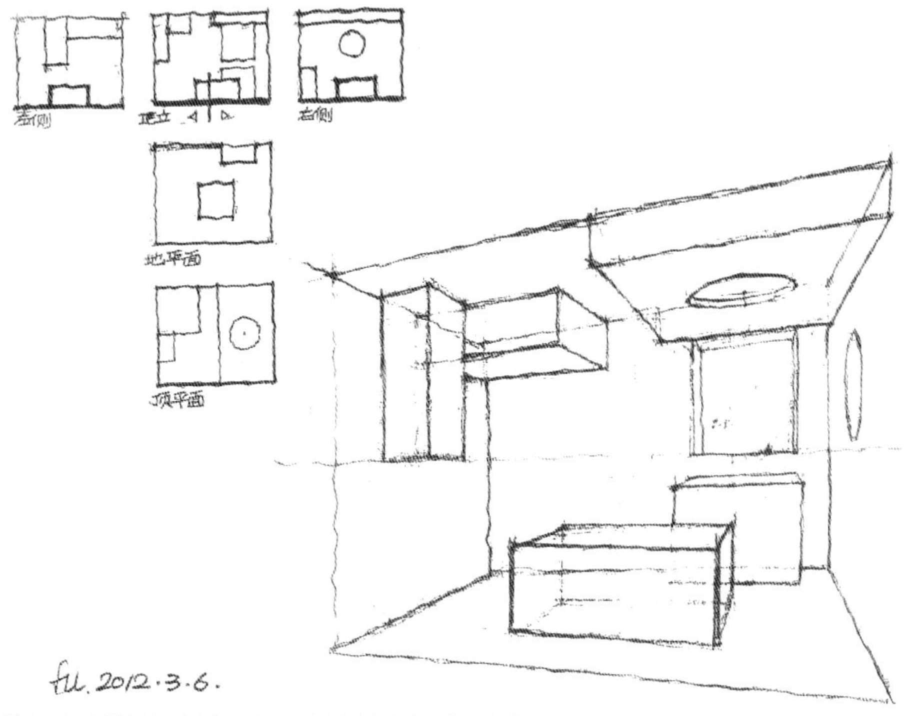

图 3-11　视平线处于中部的五个界面的空间透视想象画练习（1）

内部空间形态构成素描练习

（矩形）

正方体 5个

$\frac{1}{2}$正方体 5个

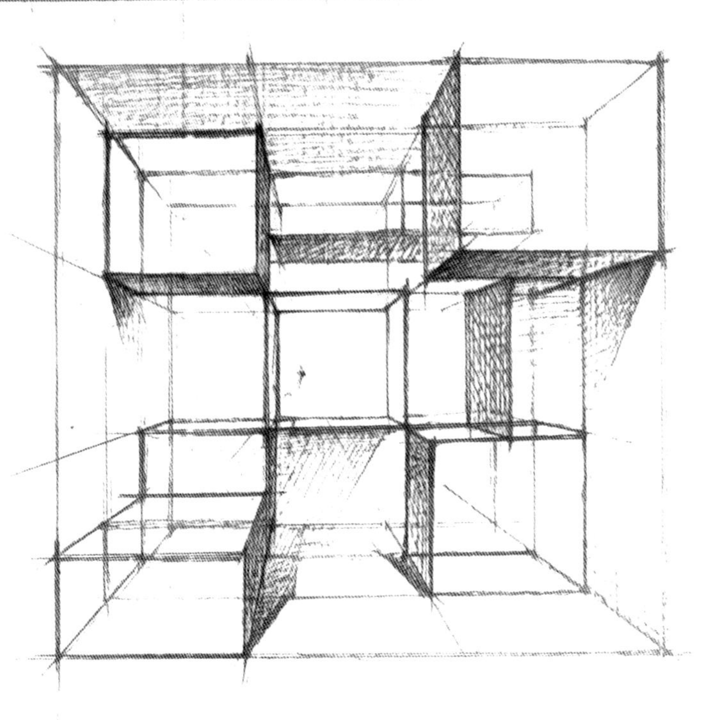

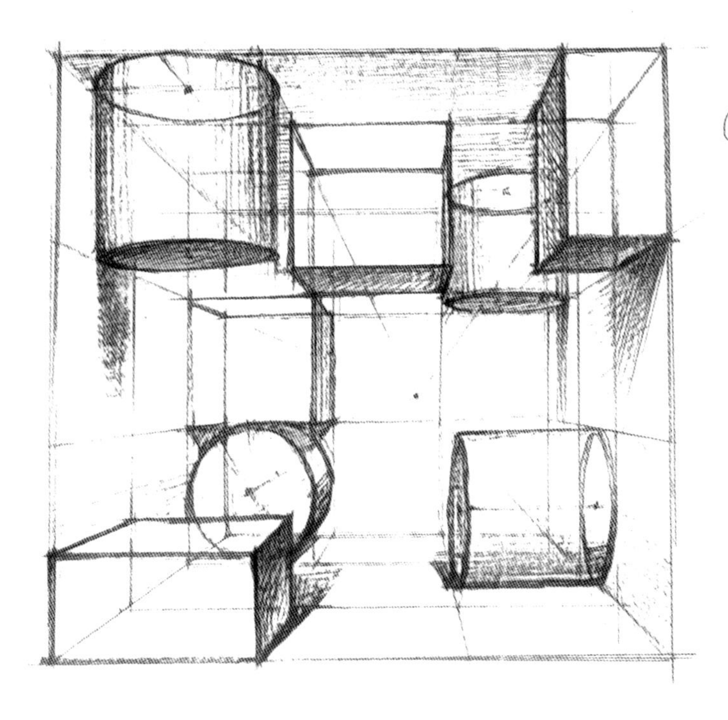

（矩形、柱形）

正方体 2个

$\frac{1}{2}$正方体 2个

圆柱体 4个

fu 2013.4.13

图3-11　视平线处于中部的五个界面的空间透视想象画练习（2）

2. 明暗与光影

其明暗上色的原则是：受光部和半受光部可不着色，而只是在不影响造型细线条清晰可见的前提下，对背光部着色 ；重点强调明暗交界线处的深色 ；并有序地向反光作退晕变化着色。物体的影子是表达空间与立体的重要元素。按透视与阴影学的原理，根据画面光源统一方向的原则适当画出（不遮盖主体结构线）即可。一般情况下，影子与该物体接触起始点部位的颜色最深，随即逐渐淡化、虚化到消失，见图 3-12、图 3-13。

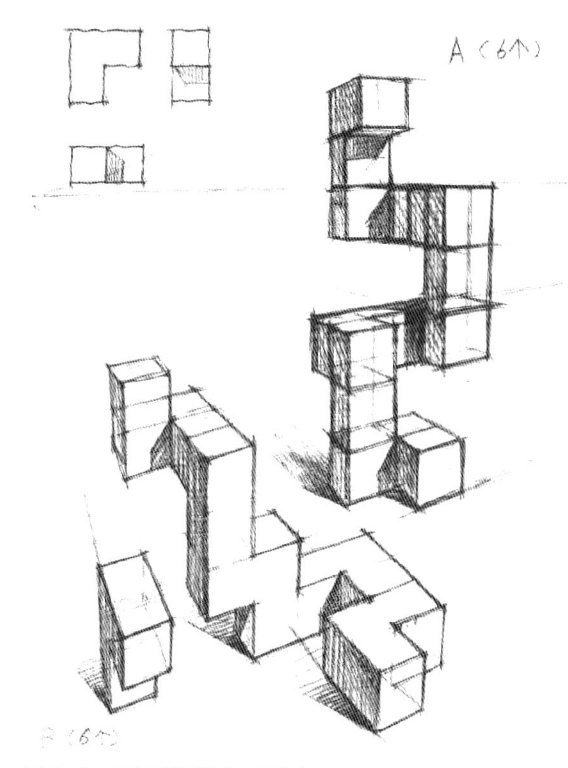

图 3-12　结构素描的明暗与光影之一

图 3-13　结构素描的明暗与光影之二

3. 质感表现

运用明暗与光影的变化，在一定程度上可以表现物体材料的质地特征。例如，质地坚实、表面光滑的玻璃、釉彩、抛光的金属或石材等对光的接受与反射显得敏感、强烈，其形状边缘也较为清晰；而质地松软或表面粗糙的泡沫、棉毛织品、原始木材或砖石则对光的反映比较滞缓，外形也较为柔和。此外，还可借助绘图工具和材料的工艺特点、运用笔触变化等手法来描绘物体的肌理效果和质感，见图 3-14。

图 3-14　质感表现

结构素描重理性，重分析，有利于设计师对空间形象的预想和准确的表达，具有严格的科学性，其优势特点显而易见。然而，它也有其自身的缺陷，例如，表现手法比较单一；明暗层次不够丰富；质感的表现也不够细腻；艺术情趣和个性表达难以尽兴。对此不足，加强速写方面的练习，可得以弥补。

3.2　速写练习

速写是素描的浓缩和提炼，它是培养敏锐观察能力和判断能力的重要训练方法之一。

1. 速写的特点

速写的特点是快速、简练、概括、生动和个性鲜明地描绘出物像的主要形体特征。

2. 速写的工具

速写练习可选择铅笔、炭笔、钢笔、马克笔等工具。其中钢笔除了携带方便、粗细变化灵活、适宜复印制版等优点之外，更能促使画者做到意在笔先，用脑子作画；培养细微观察、准确判断的眼力；

练就迅速果断、一气呵成的手法。

3. 速写的对象

速写练习的对象可虚可实。实者，照着可见的物体或场景写生；虚者，凭空想象或记忆默写；可不择时间、地点、画幅大小，但要有目的，不是鬼画桃符，同时注意用线的流畅、果断，见图 3-15。

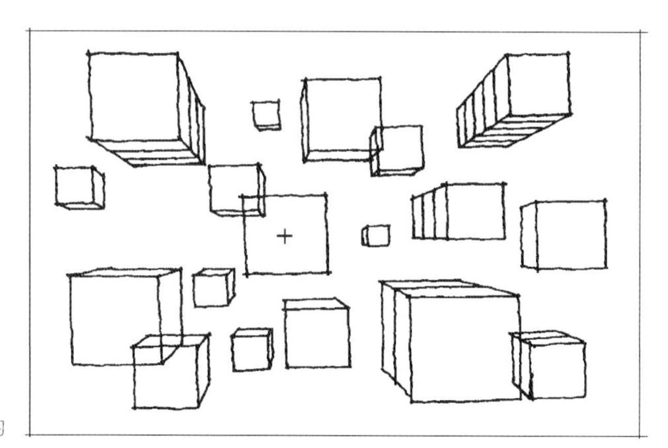

（a）一点透视的正方形体练习

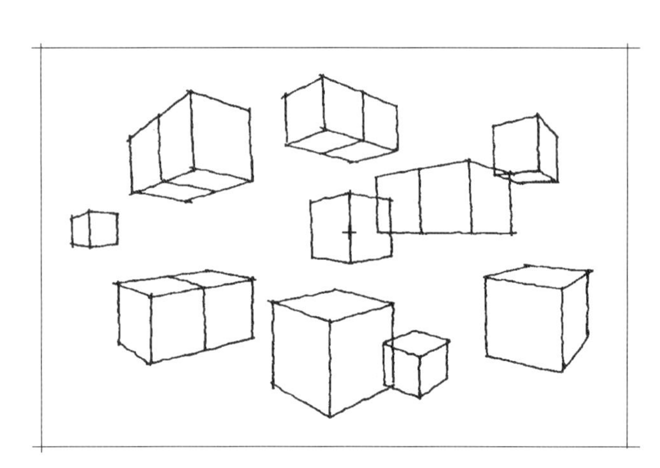

（b）二点透视的正方形体练习

在以上训练过程中，请注意形体之间的比例关系和透视关系，尤其是视平线和灭点的位置（视平线和灭点的概念请参照第 4 章 4.2）。

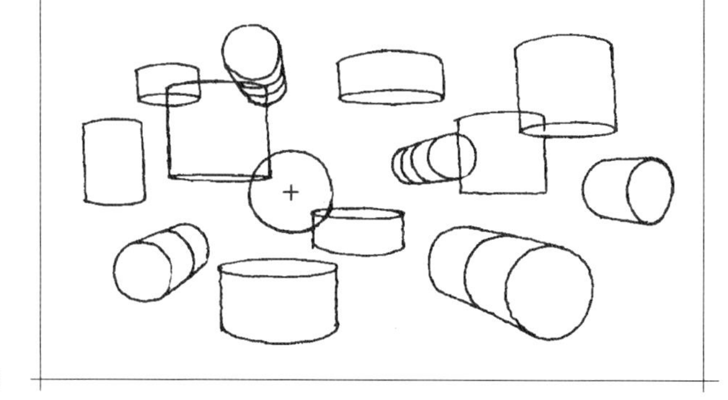

（c）圆柱体练习

图 3-15　几何形的徒手练习

4. 速写的目的

速写练习的目的有所侧重：①以形体比例的判断为目的，画一些长、宽、高比例严谨的平立面几何图形；②以空间透视概念为目的，进行建筑室内外环境的写生；③以概括取舍训练为目的，对琐碎复杂的场景作简笔画或黑白画练习；④以运笔用线的流畅生动为目的，作笔不离纸面、一气呵成的“一笔画”训练；⑤以收集素材、储存信息为目的，对书刊画册上的插图或照片进行临摹整理，见图 3-16。

（a）欧阳桦　作

（b）欧阳桦　作

图 3-16　速写练习（1）

（c）龚恒　作

（d）林嘉　作

图3-16　速写练习（2）

5. 速写的表现形式

速写的表现形式，大多以线条为主，也可以明暗调子为主，或以线条与明暗调子相结合。

速写不仅对结构素描的不足有一定的弥补，还可以锻炼学生的观察力和表现力，陶冶人们的艺术审美情趣，把对生活中各种美的感受升华为设计创作的灵感。

速写是造型艺术中不可缺少的一种基本功训练，是设计过程中的一种表现手段。在方案的设计过程中，速写是记录、体现构思意图、变抽象构思为形象化的一种表达方式。

美术课课时不多，但尽可能安排较多数量的速写练习，可以收到事半功倍的效果。

3.3　色彩练习

生活中各种物体都有自己的形状与色彩，人们对色彩的反应最为敏感。色彩感觉是一般审美感觉中最普遍的形式，就一幅表现图而论，色彩处理得当与否往往决定这幅图的成败，从而影响整个设计的命运。

为了进一步提高学生的色彩感觉和运用色彩的能力，首先必须从感性和理性两个方面去理解和运用色彩。鉴于相关理性色彩的内容在色彩构成课中多有训练，本书从略。

感性色彩练习

1）静物色彩写生

观察、分析该物体在特定的光照环境中所呈现的各种色彩的构成要素，如固有色、光源色、环境色和空间色等。从概念上探讨物体色彩冷暖变化的规律，尽可能地表现出物体的质感和材料特征，并从中获得画面局部色彩与整体色调对比、统一的控制能力，见图 3-17、图 3-18。

图 3-17　水彩静物写生（林雪源　作）

图 3-18　水彩静物写生
（林雪源　作）

2）场景色彩写生

一般分室内、室外两类：

（1）室内写生，从静物过渡到室内环境，要特别注意空间尺度和比例透视的变化，分析各种光源对室内空间界面及家具陈设的光影效果。画面要强调构图的集中，在明暗与色彩的关系方面要有主次、虚实之分。整体气氛和色调是室内写生的内涵，局部的色彩变化都必须服从这个大环境，见图 3-19。

图 3-19　水粉室内写生

（2）室外写生，空间广阔，景物复杂，色彩丰富，光线多变。这就要求我们善于概括取舍，移景添物，处理好情与景的关系，处理好空间与层次的关系。在以建筑为主体的写生中，要强调对入口、柱、廊、门、窗及附近绿化的描绘，要重点研究材质的表现和光影色彩的变化，见图 3-20。

3）临摹

对优秀的绘画和摄影作品作临摹练习是一种学习方法。这些作品以现成的经验启示学生认识色彩搭配的某些规律，见图 3-21。

图 3-20　水彩风景写生

4）默画与整理

对完成后的作品进行记忆性的回顾称为默画。画幅不宜过大，要求色彩基本还原。它可以检验你对色彩关系理解的程度，巩固已获得的色彩知识，有助于发现写生中存在的问题。而整理画则可对画面的不足之处加以调整，用冷静的目光比较、分析原画与默画各自的优缺点。甚至还可突破原画的色彩，改换色调，作抽象变形处理，促进从感性色彩到理性色彩的过渡，为头脑仓库积累更多的主观色彩概念和色彩配方，见图 3-22、图 3-23。

图 3-21　建筑照片临摹——灯之影

图 3-22　静物写生

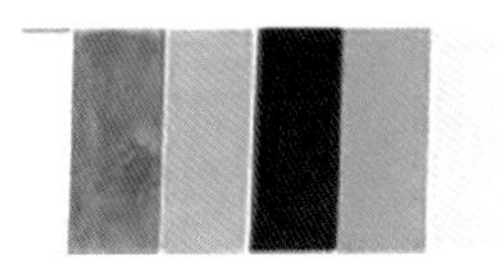

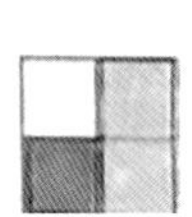

图 3-23　抽象变化

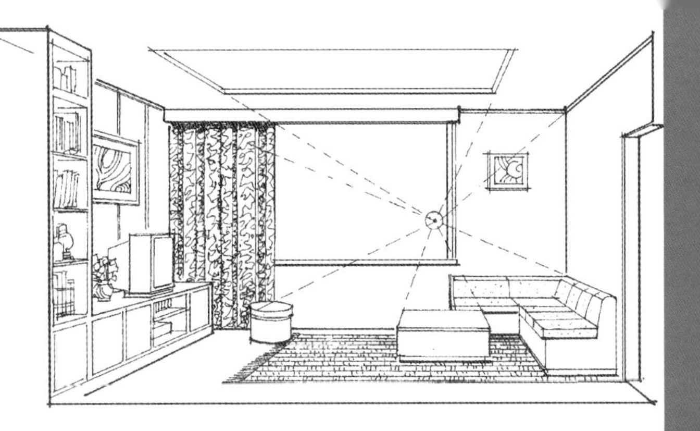

第4章

室内透视快速成图法

第 4 章　室内透视快速成图法

建筑学专业或美术专业的学生也都不同程度地具备透视基础知识，本章主要是为那些缺乏透视基础的业余爱好者提供一些简单实用的透视快速成图方法。

4.1　透视基本原理

透视图形与真实物体在某些概念方面是不一致的,所谓“近大远小”是一种“错觉”现象。然而这种“错觉”却符合物体在人们眼中的成像规律。因而，它又是一种真实的感觉。为了研究这个现象的科学性及其原理，人们总结出了“画法几何学”和“阴影透视图学”。

“透视”顾名思义就是透过假设的一块玻璃观看前面的物体时，在玻璃上反映出的物体图像就是透视图形（图 4-1）。

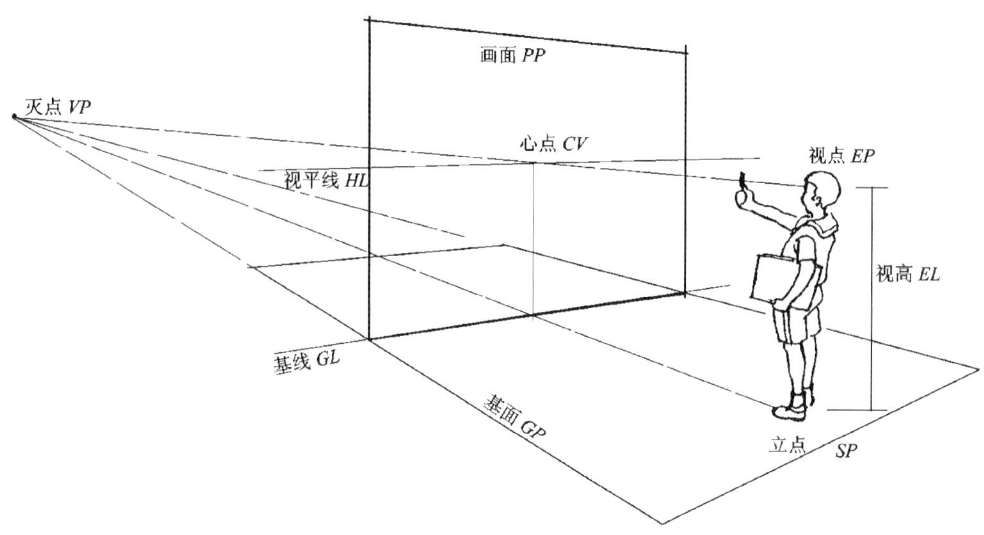

图 4-1　透视基本原理及名称解释

4.2　透视学中的常用名词

立点（SP）——人站立的位置，也称足点。

视点（EP）——人的眼睛的位置。

视高（EL）——立点到视点的高度。

视平线（HL）——观察物体的眼睛高度线，又称眼在画面高度的水平线。

画面（PP）——人与物体间的假设面，或称垂直投影面。

基面（GP）——物体放置的平面。

基线（*GL*）——假设的垂直投影面与基面交接线。

心点（*CV*）——视点在画面上的投影点。

灭点（*VP*）——与基面相平行，但不与基线平行的若干条线在无穷远处汇集的点，也称消失点。

测点（*M*）——求透视图中物体尺度的测量点，也称量点。

真高线——在透视图中能反映物体空间真实高度的尺寸线。

4.3　室内透视图的分类及特征

1. 一点透视（平行透视）

矩形室内空间的一面与画面平行，其他垂直于画面的诸线将汇集于视平线中心的灭点上，与心点重合（图 4-2）。

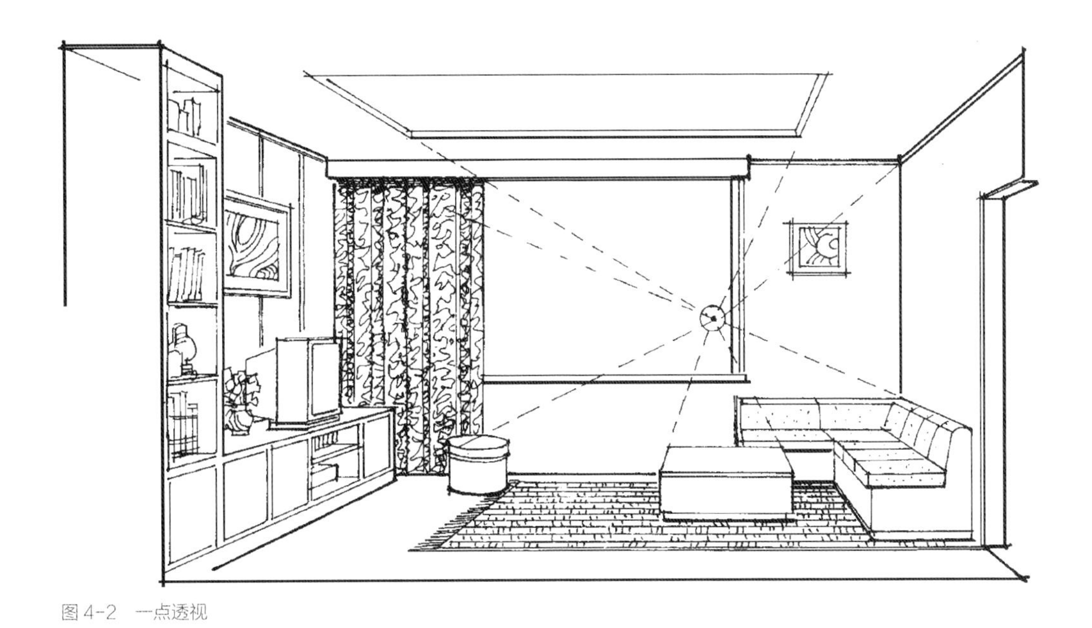

图 4-2　一点透视

2. 二点透视（成角透视）

矩形室内空间的所有立面与画面成斜角度。其诸线条均分别消失于视平线左右的两个灭点上。其中，斜角度大的一面的灭点距心点近，斜角度小的一面距心点远。高于视平线的平面表现为近高远低；低于视平线的平面表现为近低远高，见图 4-3（此特征也适合于一点透视）。

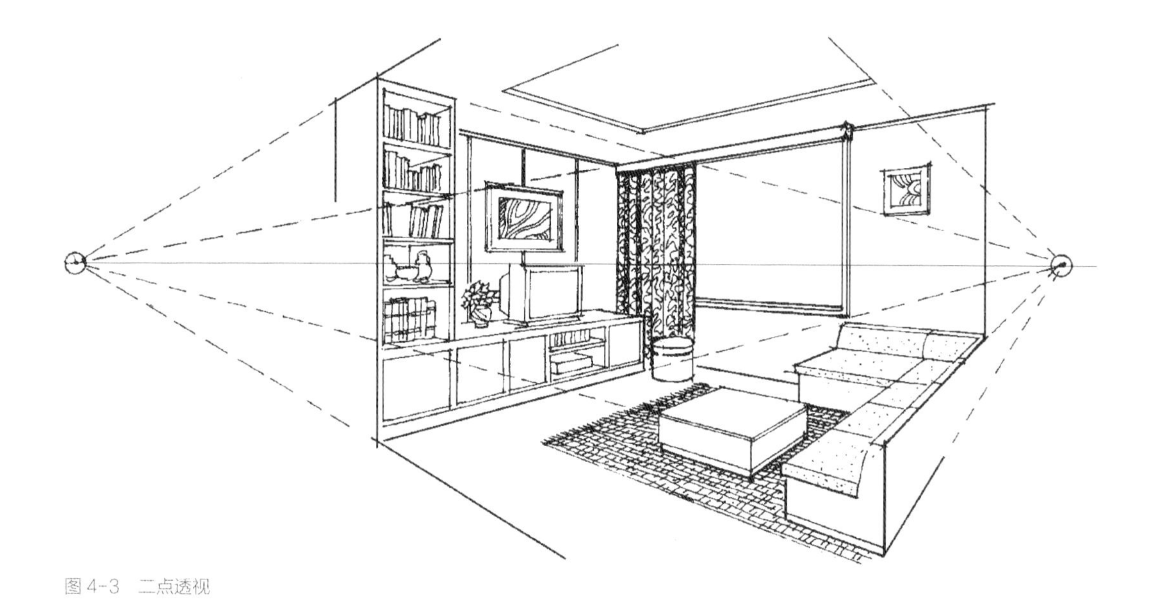

图 4-3 二点透视

3. 俯视图

俯视图实际是室内平面空间立体化。其说明性强，常用于整体单元的各个室内空间的功能与布置设计的介绍，作图原理近似一点透视（图 4-4）。

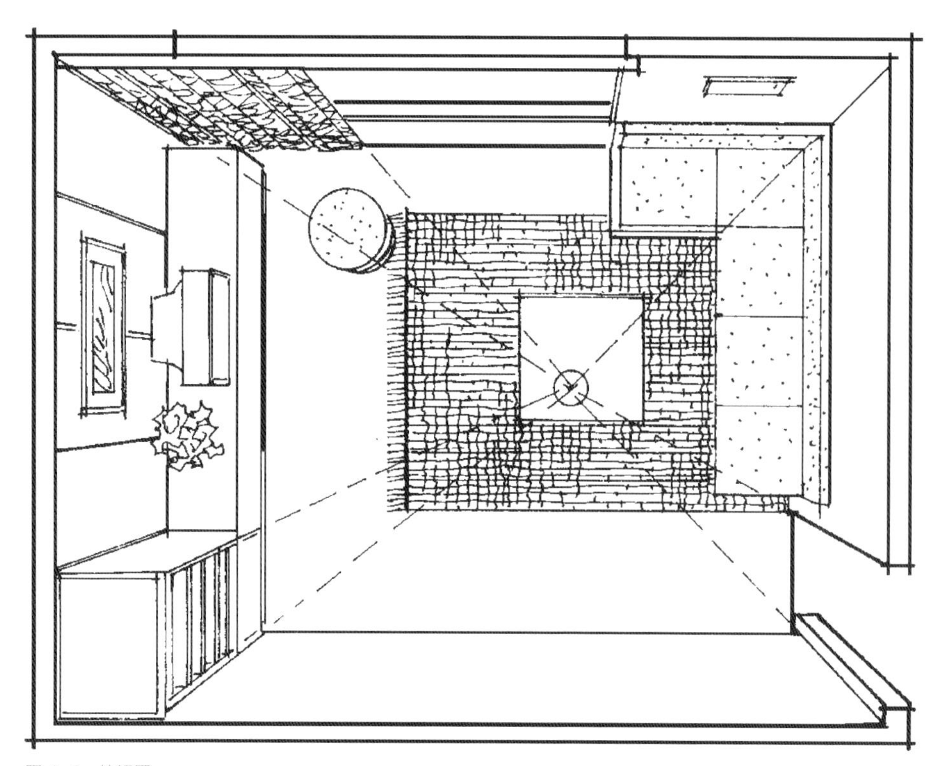

图 4-4 俯视图

4.4　透视作图法

1. 一点透视作图

一点透视，其最大特点是心点与灭点重合。它用得最为普遍，表现的范围广，内容多，说明性强，便于用丁字尺、三角尺作图，因而相对简便、快捷而实用。下面介绍足线法和量线法两种作图方法。

1）足线法作图

足线法作图，适宜于施工图完成后的表现。其作图步骤如下：

（1）将平面图按所要画的范围折叠，紧靠在绘图底稿纸上，定图边线 *PP*；在 *PP* 线下方留出足够的空间，确定 *GL*（基线）。

（2）以立面图空间高度与平面图相对完成 *A*、*B*、*C*、*D* 外框架，以 *AB* 或 *DC* 为真高线，在 1.5m 高度作视平线 *HL*。

（3）在 *PP* 线下方的空白里选定合适的立点 *SP*，并连接平面图中各个内角及转折点，连线交于 *PP* 线。

（4）将 *SP* 向下垂直延伸，交 *HL* 于 *VP*。*VP* 即为透视图的心点。连接 *A*、*B*、*C*、*D* 外框的四角。

（5）过 *PP* 线上的各连线的交点分别向下作垂线，找出各点在透视图中的空间位置，利用真高线尺寸可求得透视图内各点的空间高度（图 4-5）。

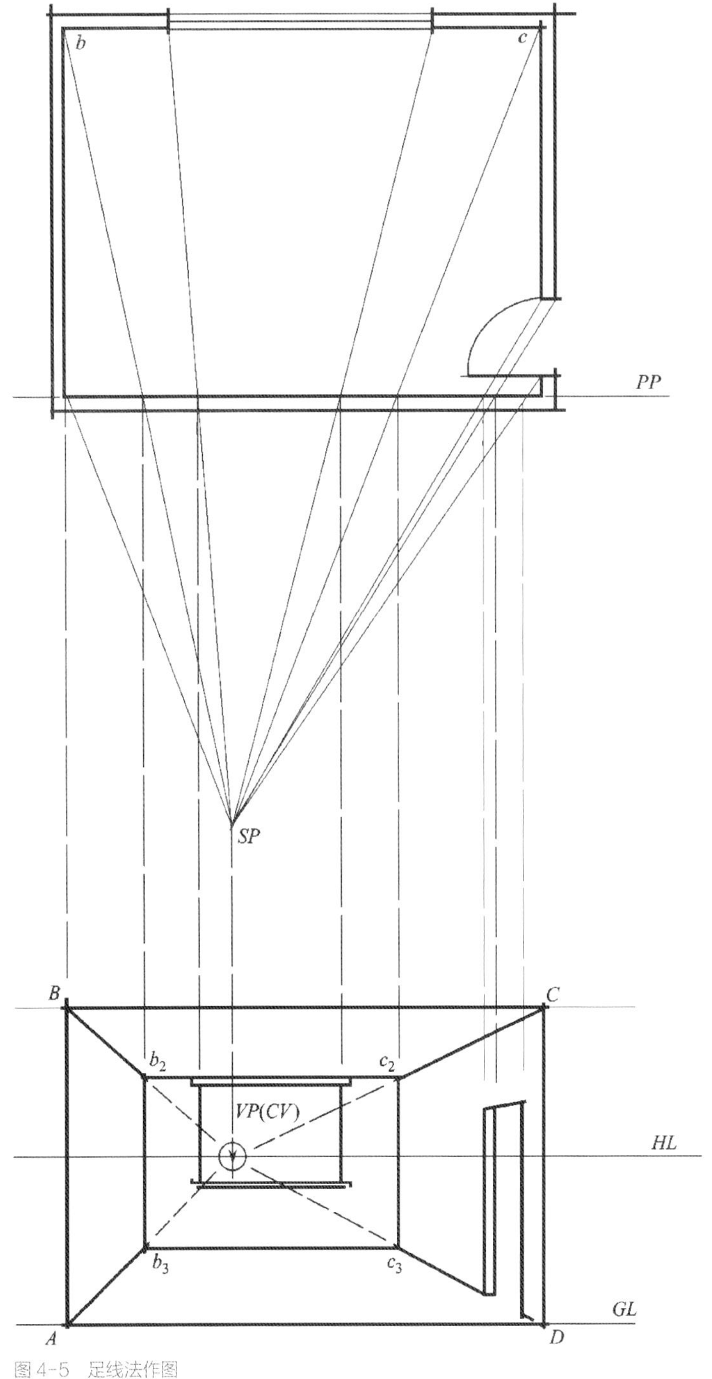

图 4-5　足线法作图

2）量线法作图

量线法作图，适宜于设计探讨过程中的作图。作图前需主观考虑和确定的要素：

①作图比例；②墙面大小和位

置；③心点 CV 的和灭点 VP 的位置（两者重合）。具体作图步骤如下：

（1）按设计要求确立主立面的高宽比例 a、b、c、d，并设定视平线 HL（交 cd 于 e）及心点 CV，连接 CVa、CVb、CVc、CVd 并延长（图 4-6a）。在 cd 线右侧的视平线的延长线上确定视点 EP（点 e 至 EP 的间距表示观察者离开内墙面的距离）（图 4-6b）。

（2）在 ad 的延长线上作适当的等分点 d_1、d_2、d_3、d_4……（即作室内进深尺寸的量点）将 EP 的各分点连接并延长，交 CVd 点的延长线于 d'_1、d'_2、d'_3、d'_4……随后再分别过 d'_1、d'_2、d'_3、d'_4 作水平线、垂直线，组成大小不同的矩形。这些矩形的边即为室内进深透视的基准线（图 4-6b）。

（3）在 ad 线和 bc 线上，分别作适当的等分点，确定室内横向量点。由 CV 过各量点可作顶棚和地面横向分隔的基准线（图 4-6c）。

（4）有了进深透视的基准线后，室内空间的立体骨架即可形成，ab 垂线为真高线；室内所有的高度都在 ab 线上量取（图 4-6d）。

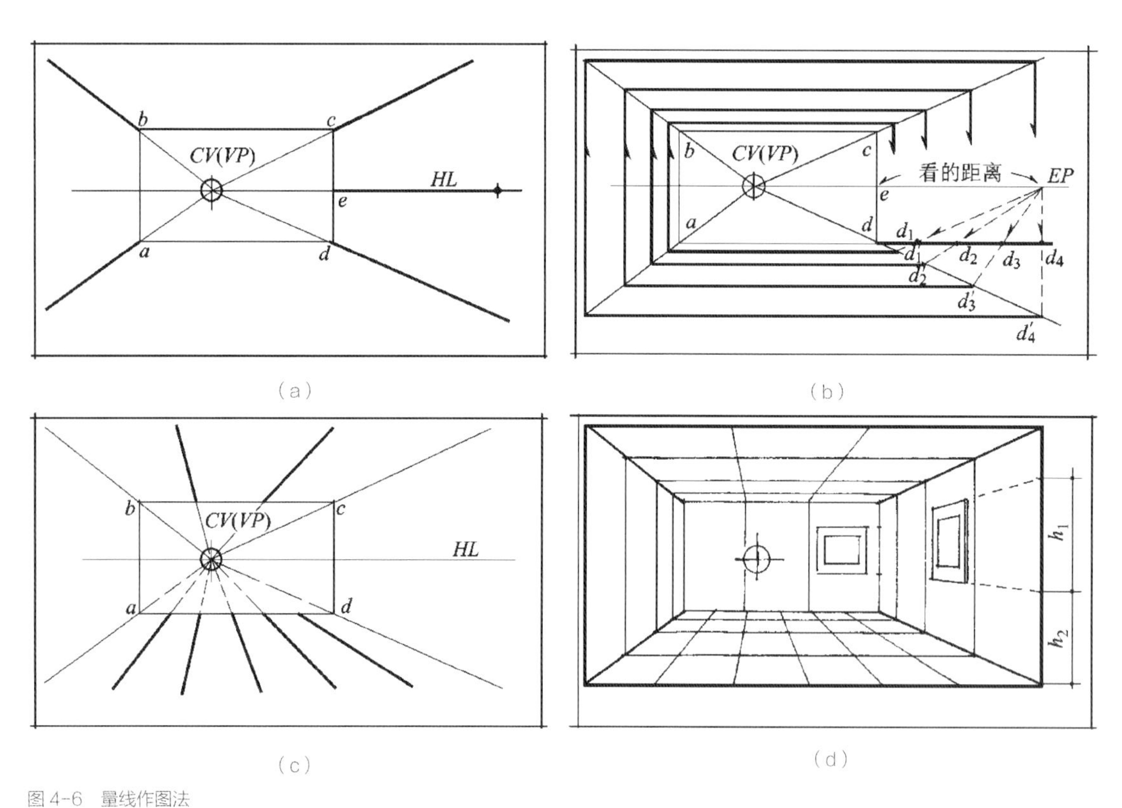

图 4-6 量线作图法

2. 两点透视作图

两点透视图可根据平面布置的方向，选择最佳角度，有利于设计主体的重点表现。下面介绍的足尺法（即以立点为中心的透视法）是两点透视中常用的一种方法。作图前需主观考虑确定的要素：①室内透视的视线角度；② PP 线的位置以及与平面图相接的角度；③ GL 线的位置及 HL 线的高度；

④ SP 点在 GL 线下方的位置。

足尺法作图步骤：

（1）确定平面图的内容范围及与 PP 线间的夹角，设定 GL 线的位置，并画出视平线 HL；在 GL 线下方确定足点 SP，并由此点分别作平行于两墙面的直线交 PP 线于 P_1、P_2；再过 P_1、P_2 点向下作垂线交 HL 线于 VP_1、VP_2 点，VP_1 和 VP_2 即为两灭点（图 4-7a）。

（2）由与 PP 线相连的两内墙面的点 c、d 向下作垂线，交 GL 线于 a、b 两点。在此任意一点的垂线上确定顶棚的真高度 ae（或 bf）。

连接 m 与 SP，与 PP 相交于 m' 点，再由 m' 向下作垂线，然后连接 VP_1b、VP_1f、VP_2e、VP_2a，与过 m' 的垂线相交于 g、h。g、h 即为 m 墙角的透视高度线，所得图形 $ahge$、$bfgh$ 即为室内成角透视的墙体空间界面图形（图 4-7b）。

（3）按上述办法将室内平面图内其他形体的转折点朝 SP 方向作延长线，交 PP 线于各点，再过各点分别向下作垂线，即可求得各形体的透视效果（图 4-7c）。

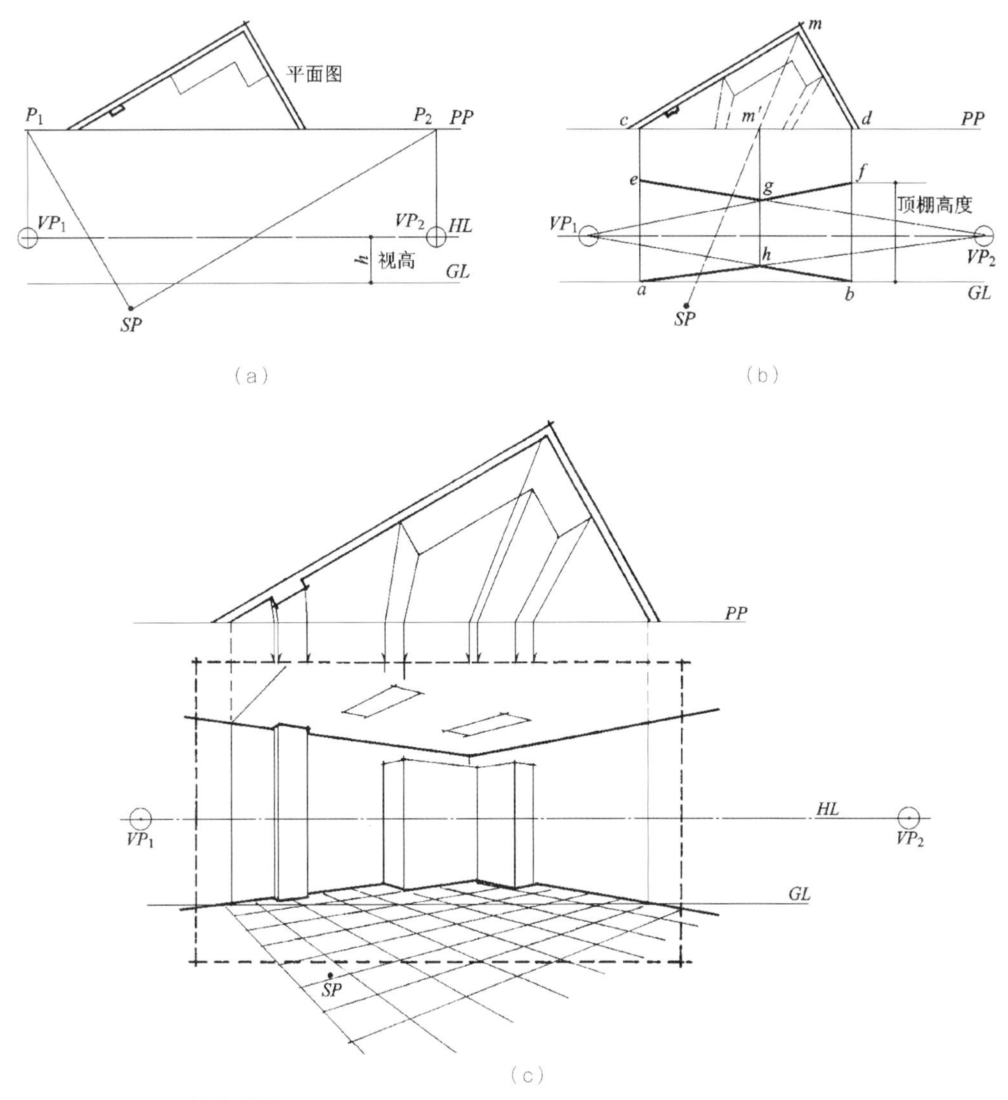

图 4-7　两点透视作图

3. 俯视作图

俯视作图可用一点、二点及三点透视作图，由于篇幅所限，这里仅介绍一点足尺法，即从室内的顶部鸟瞰。它能简明地表达室内空间的各个界面，整体性强，作图便捷。

用一点足尺法在作图前需主观考虑的要素：①平、立面图的比例与大小；②设定剖切的室内断面高度，确定画面线 *PP* 的位置；③平面图中心 *CV* 的位置和视点 *EP* 的位置。

作图步骤：

（1）在图纸上画出平面图与立面图，确定剖切的高度（一般取 2m 左右，如鸟瞰连续多个房间，为避免遮挡，可取的再低一些）。作 *PP* 线，根据表现内容选定心点 *CV*，以及在该点垂直上方的合适位置确定视点 *EP*，并将立面上的各点与 *EP* 点连接，求得在 *PP* 线上的各交叉点（图 4-8a）。

（2）将平面图的各个点与心点 *CV* 连接，再把图中 *PP* 线上的各点向上作垂线，与同 *CV* 连接的线相交。将所得各交点相连即得地面与墙面的交接线，俯视的空间界面可见（图 4-8b）。

（3）按上述基本程序，可求出其余的门窗、家具、陈设的空间位置和形状（图 4-8c）。

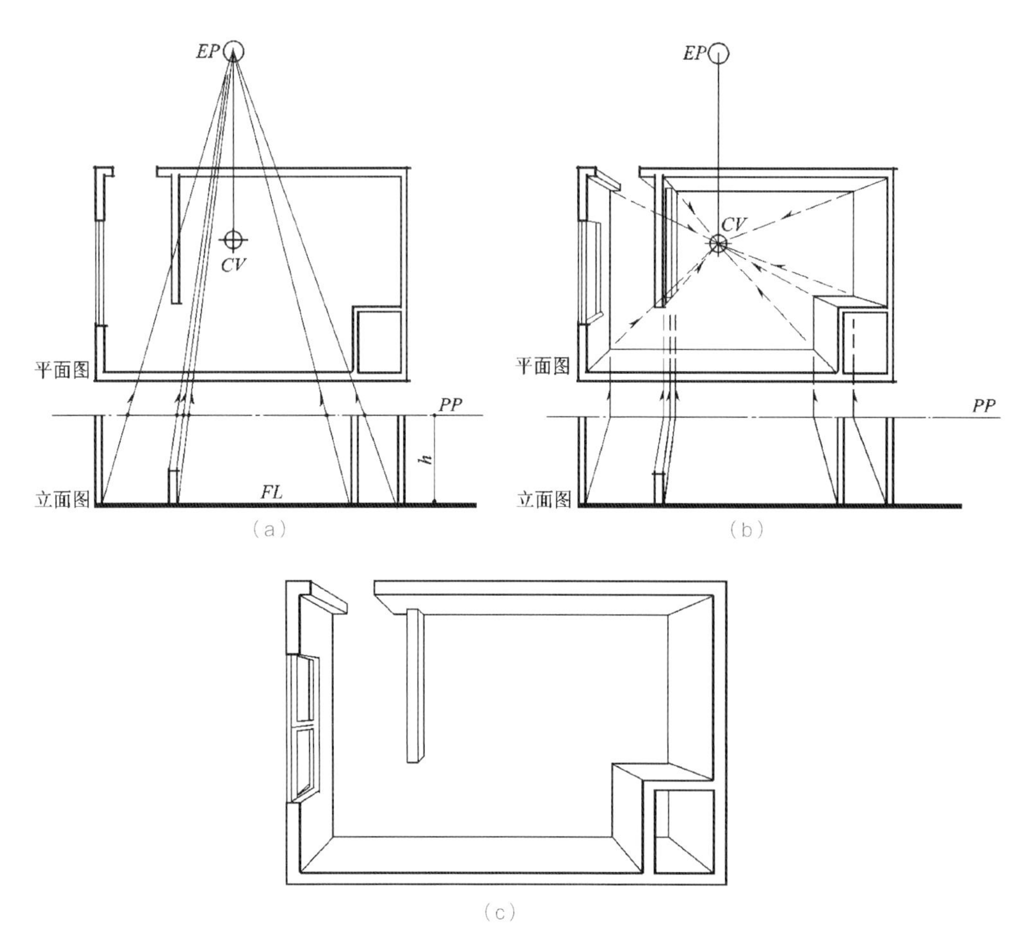

图 4-8 俯视作图

4. 透视图形的分割与延续

对已求出的透视图形作进一步的深化和充实，对内可分割，对外可延续。

1）任意线段分割透视面

首先在 *ABCD* 图的下方做任意水平线 *XX′*，然后在图外视平线 *HL* 上任意确立一点 *E*，将 *E* 与图形的下边线 *BC* 两端点分别连接并延长，交 *XX′* 于 *B′ C′*。将 *B′ C′* 按需要等分，得等距离点。然后将各点与 *E* 点连接，即可求得透视图形上的等分段。同理，也可在 *ABCD* 图内取点 *E′*，方法同上（图 4-9）。

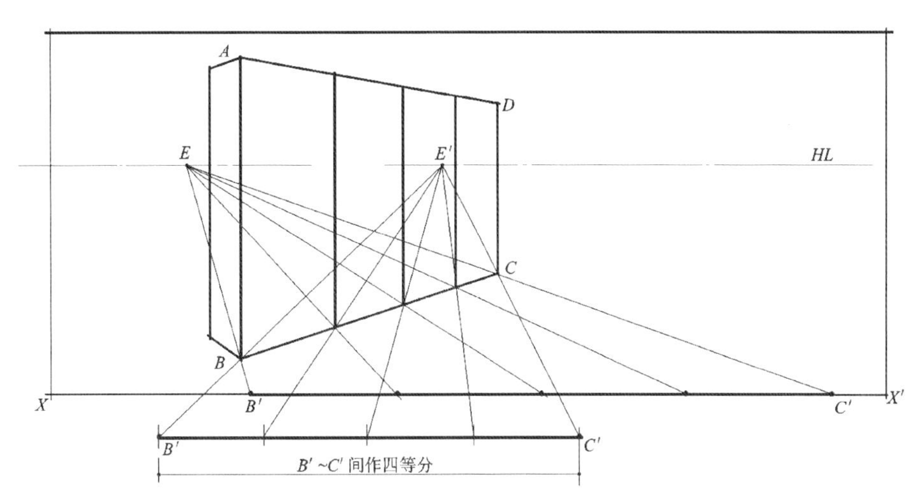

图 4-9　任意线段分割透视面

2）垂直线方向等分透视面

首先等分透视图形 *ABCD* 的 *AB* 边，分别将各等分点与灭点 *VP* 相连，再连接对角线 *AC*（或 *BD*），过 *AB* 各分点与 *AC* 的交点作垂线，即将 *ABCD* 透视图形等分（图 4-10）。

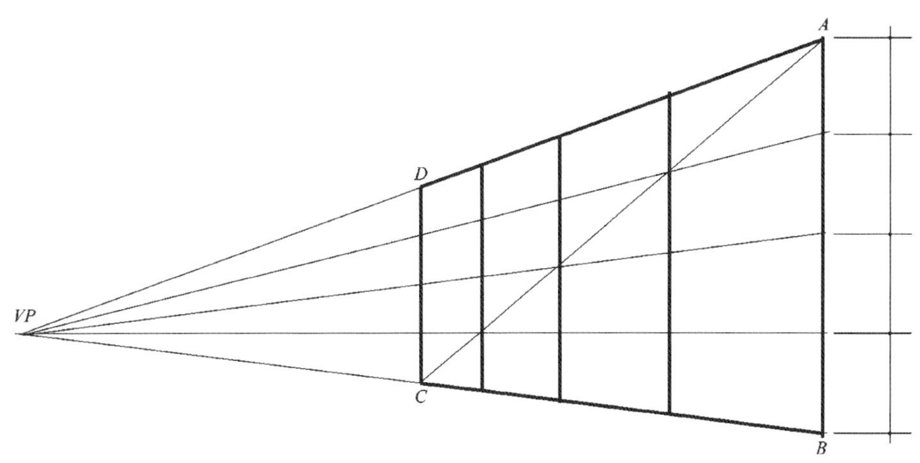

图 4-10　垂直线方向等分透视面

3）利用对角线分割透视面

以四等分透视图形 *ABCD* 为例：①作 *AC* 对角线；②作 *DB* 对角线；③得中心交点 *x*。过 *x* 作垂直线 EF 即得两分割面；然后重复上述办法，分别再次分割 *ABFE* 面和 *EFCD* 面即可（图 4-11）。

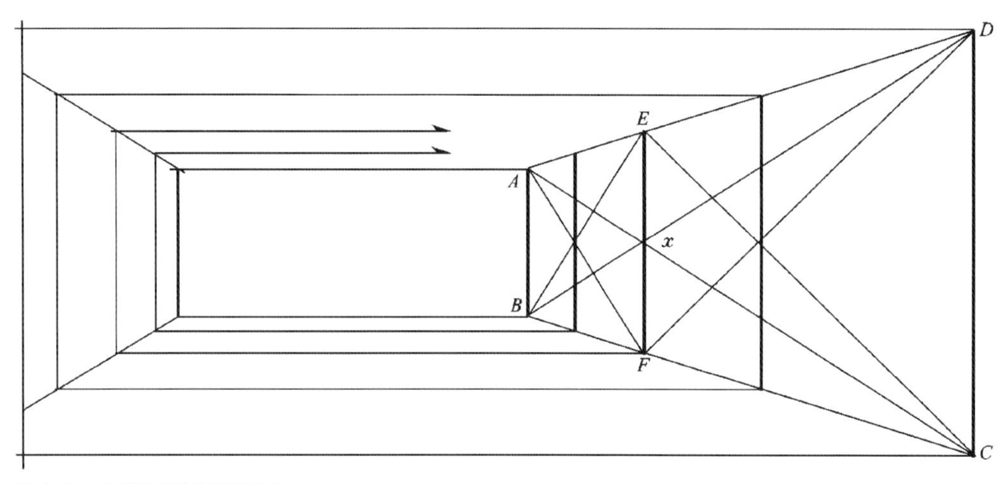

图 4-11　利用对角线分割透视面

4）利用对角线延续透视面

已知矩形 *ABCD*，①作 *AC* 和 *BD* 的对角线，得交点 *E*；②过 *E* 点作 *AD* 的平行线，平分 *CD* 于 *F* 点；③连接 *AF* 并延长，交 *BC* 的延长线于 *G* 点，过 *G* 点作垂线交 *AD* 延长线于 *H* 点，*DCGH* 即为该透视面的延续面。依次类推完成系列化的连续透视面（图 4-12）。

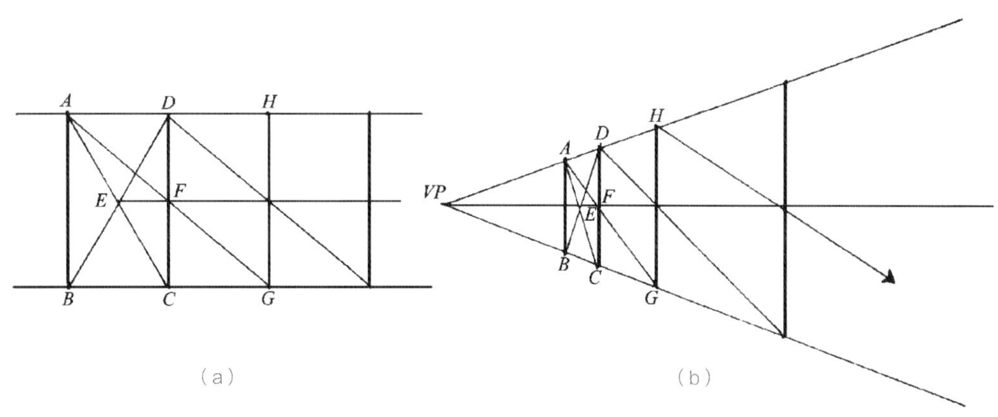

图 4-12　利用对角线延续透视面

5. 圆形的透视

圆的透视变形按画法几何求图较为复杂。以目测判断，随意勾画又常出差错。这就需要首先弄清圆形透视的基本原理，掌握徒手画圆的有关要领，只有在大量的认识、作图、再认识、再作图……的反复实践过程中，熟能生巧地画好各种圆形透视。

（1）用外切正方形来确定圆的透视（八点求圆）：即水平面圆形和垂直面圆形的透视切点（图 4-13）。

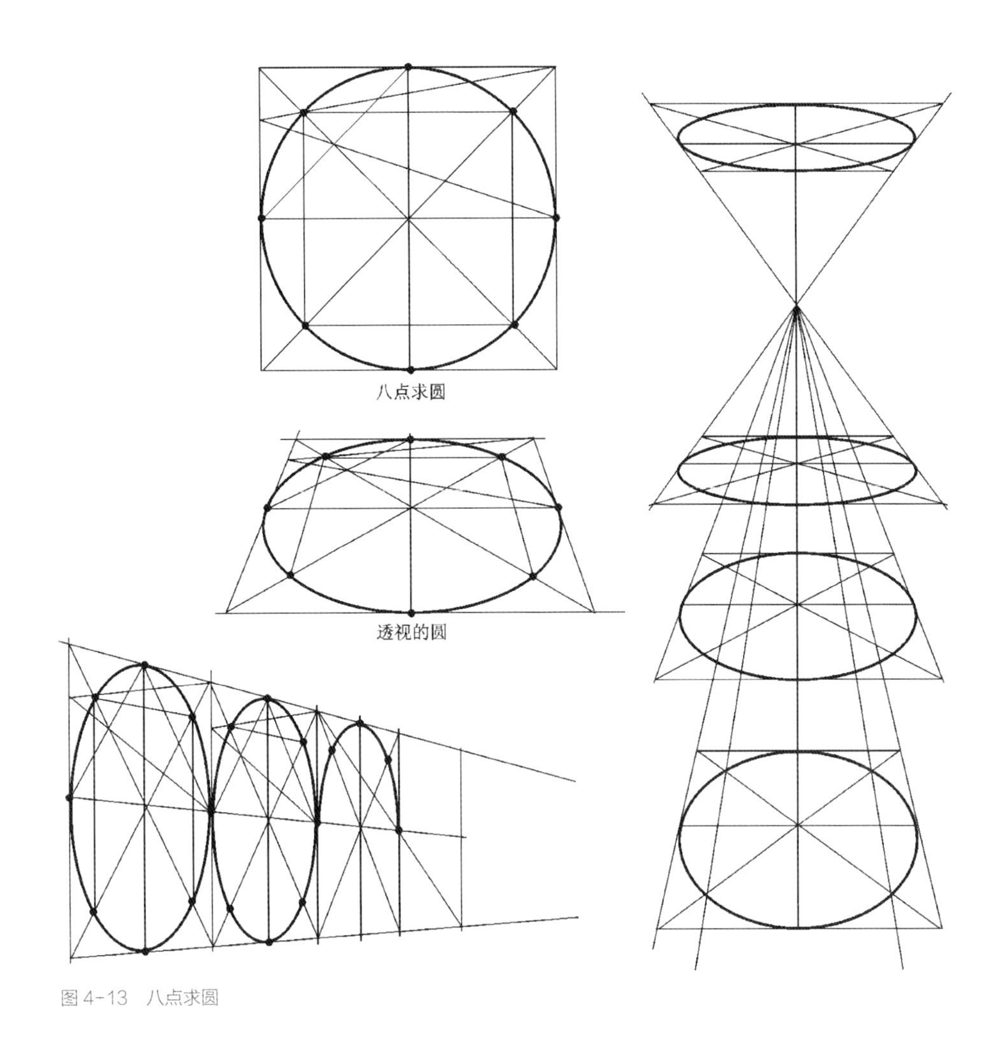

图 4-13　八点求圆

（2）徒手画圆常出的毛病：转角太尖，平面倾斜，前后半圆关系不对，灭点不一致（图 4-14）。

（3）徒手画圆要领：①凡水平圆，圆面两端连线始终水平；②水平圆左右始终对称；③左右两端转角始终为圆角，绝不能画成尖角；④前半圆略大于后半圆；⑤离视平线越近圆面越窄，反之越宽；⑥画圆形运笔平稳、顺畅，可分左右两半完成。

6. 透视角度的选择

室内表现图画面的透视角度要根据室内设计的内容和要求，以及空间形态的特征进行选择。一个适合的角度既能突出重点，清楚地表达设计构思，又能在艺术构图方面避免单调。从不同的角度观看同一空间的布置，会产生完全不同的效果。因此，在正式作图之前，应多选择几个角度或视点，勾画数幅小草稿，从中选择最佳者画成正式图（图 4-15）。

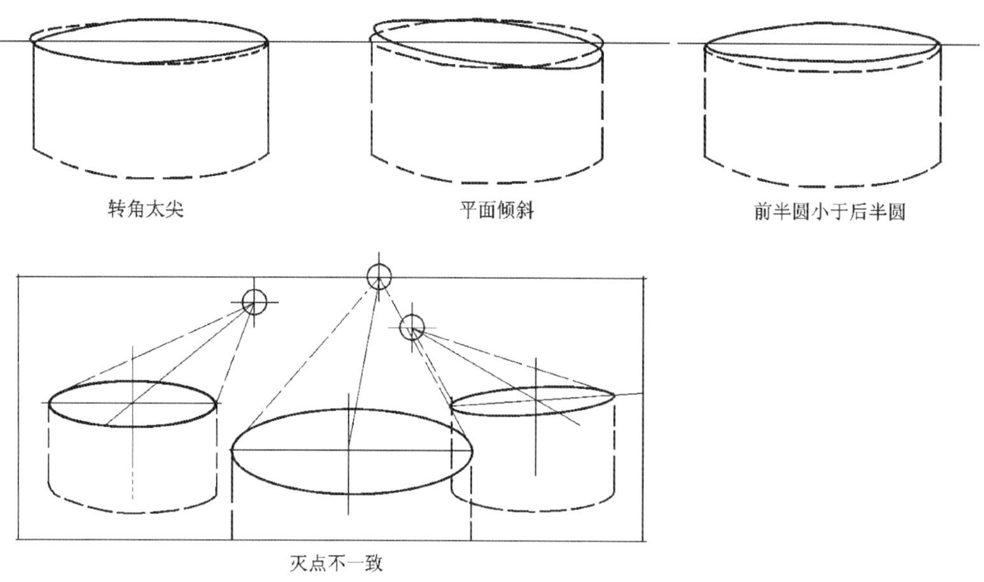

图 4-14　徒手画圆常见的毛病

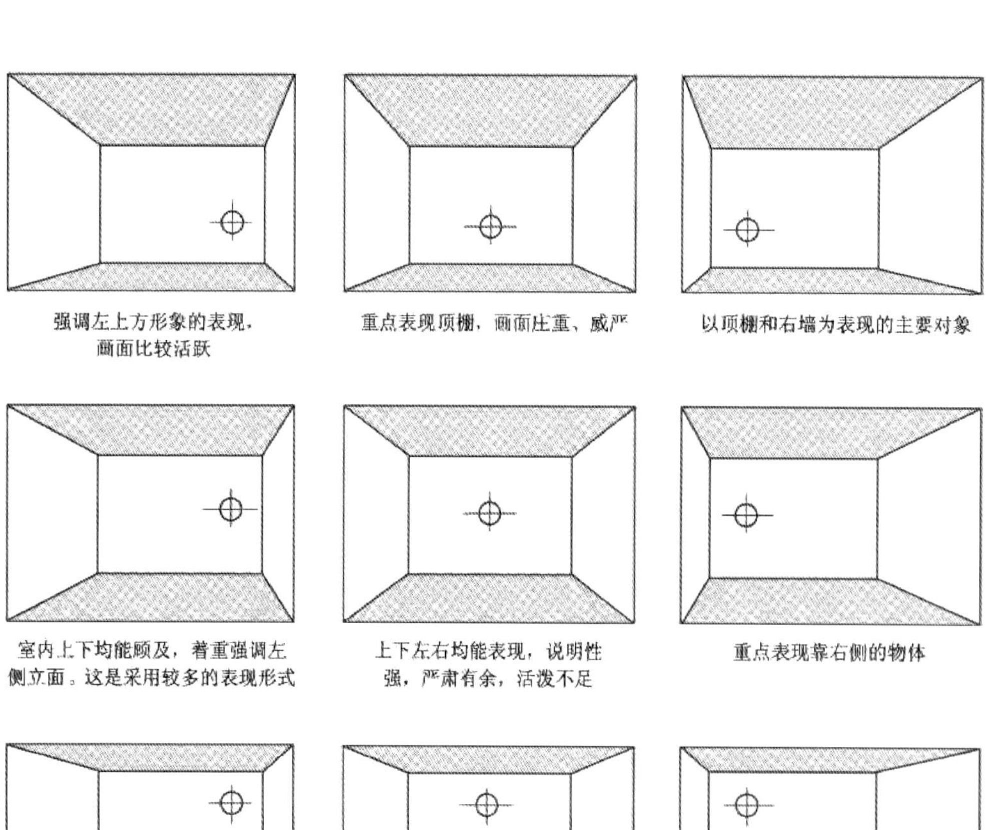

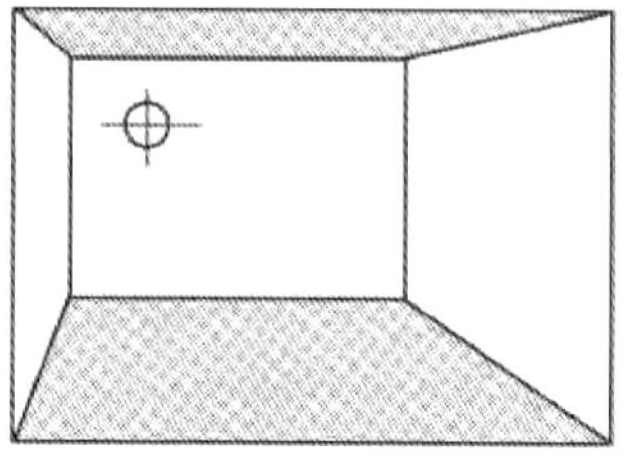

图 4-15　视点位置的变化及效果

7. 光与阴影

任何物体在光的照射下都会产生阴影。室内表现图的立体感、空间感均离不开对阴影的刻画。

阴影的形状都具备物体自身的基本形态特征，同时又与地面环境保持一致。在透视作图时须综合考虑光→物→影这三者之间的联系。

人工光是指距离较近的人造光源，如灯光、烛光、火炬等。其光投射于物体，均为辐射状光线。

自然光是指距离特别远的大自然中的光源，如太阳、月亮。人们感受不到它的辐射状，而只能感觉到它是一种平行光线（图 4-16）。

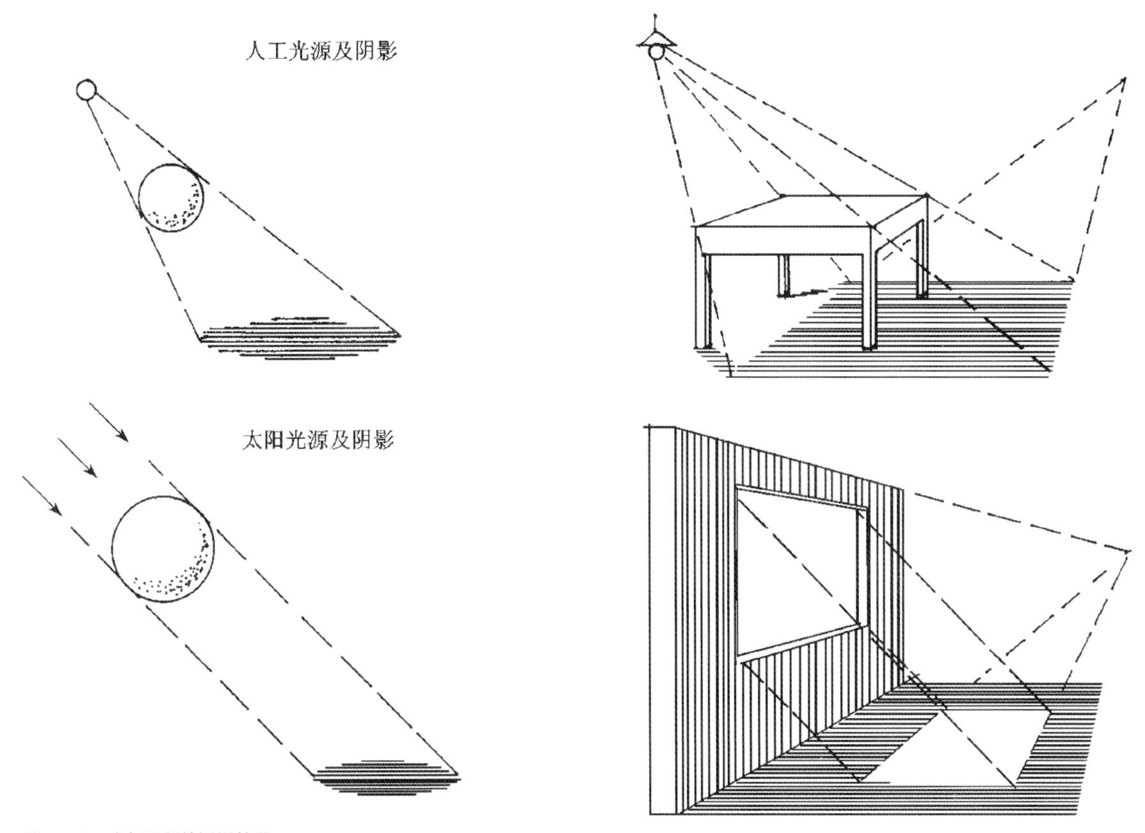

图 4-16　光与阴影的透视效果

阴影的透视作图方法同于其他透视作图。在比较重要的、精细的表现图中，对阴影形状的要求也是严格的，须认真按作图步骤进行。在快速表现的效果图中也是如此。一般是凭借对透视法则的熟悉和感觉上的基本准确进行作图。有时为了某些表现效果的需要，更好地突出重点场景，在不违背真实原则的基础上，有意识地适度扩延或收缩阴影的面积、增强或削弱阴影的明暗对比程度也是可以的。当然，要能准确地把握住这点，必须对各种光源条件下物体投影的规律有所了解，要在长期的生活与绘图实践中观察、分析、总结、记忆各种光源、各种形态和各种环境条件下的光影变化，以便能快速准确地画出理想的光影效果（图 4-17）。

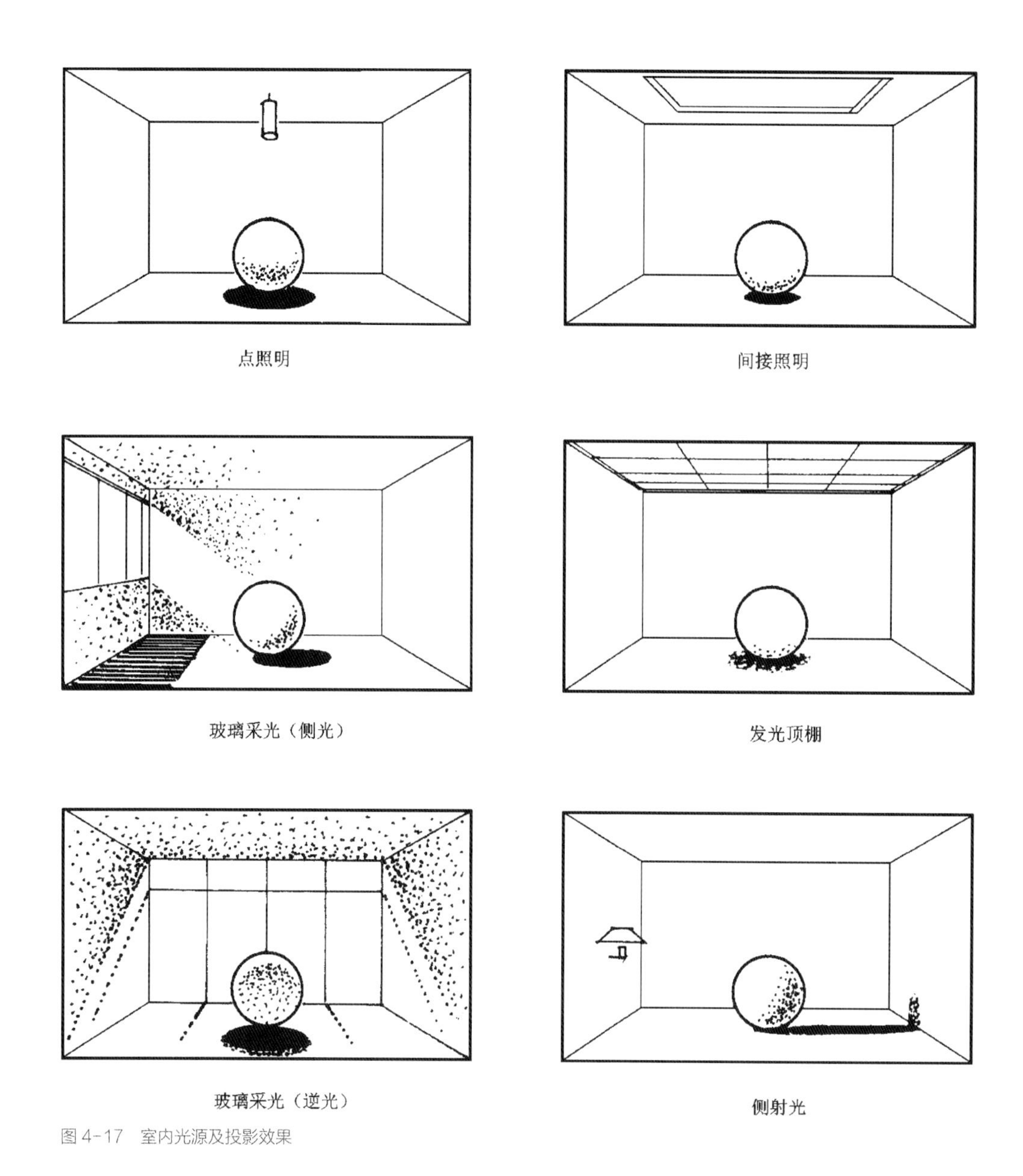

图 4-17　室内光源及投影效果

8.“十字”网格定位快速透视作图

从理论上熟悉了各种透视原理以及积累了一定的实践经验基础上，为适应紧张的工作节奏或便于进行空间构思、造型设计，可以采用一种简便、快速目测比例判断的方法绘出透视效果图。由于此法借助于二维的平、立面图和三维的透视图空间界面上的中心“十字”线为依据，故称其为“十字”网格定位快速透视作图法。其方法步骤见图 4-18 和图 4-19。

以一点透视为例：

（a）将住宅客厅设计方案中的 *A—A* 立面按高宽比在图幅中央画一矩形，确定视平线（*HL*）和中心灭点。

（b）由灭点分别引射出 4 条墙面与地面、顶棚的交界线。随后先在 *A—A* 立面上画垂直与水平

住宅客厅设计方案

图面"十字"虚线用于
快速透视作图网格定位

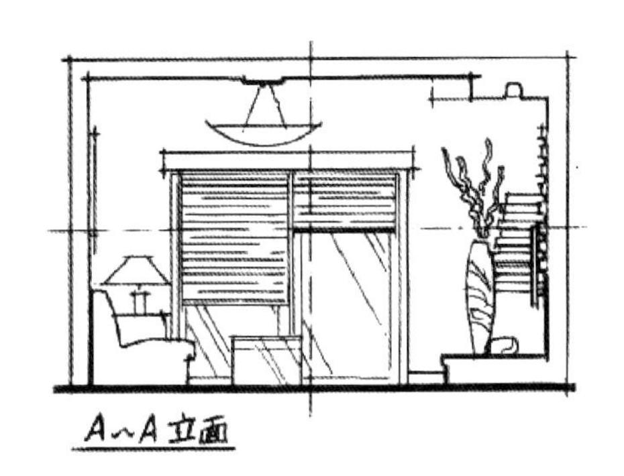

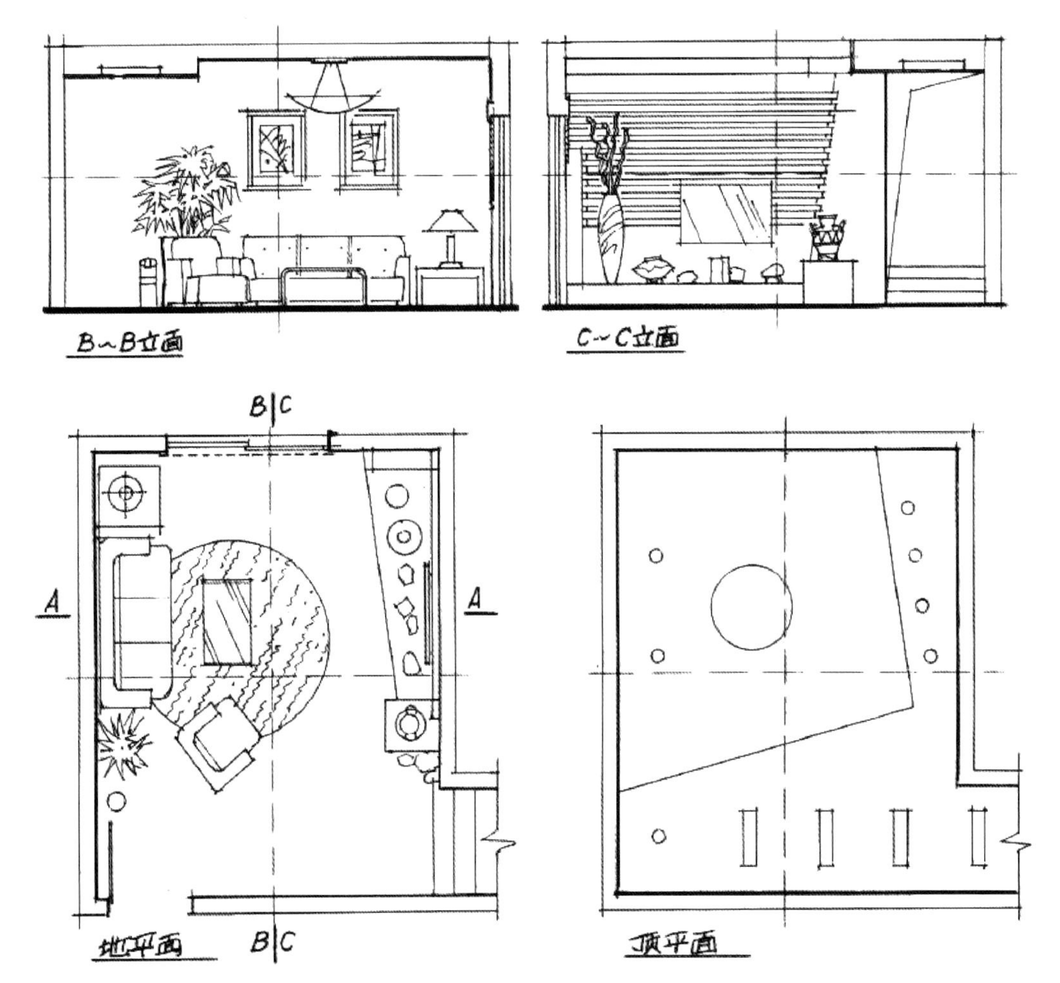

图 4-18　某住宅客厅设计的平、立面图，图面“十字”虚线用来作快速透视图的坐标参考

的“十字”线。

（c）依此类推，以中心灭点为根据，分别将中央立面上的“十字”线延伸到其他 4 个界面上，再凭目测寻找（近宽远窄）相当于 1/2 处的另一交叉点，完成各界面上的“十字”线。然后，先从地平面开始，参照“十字”坐标定位，判断室内家具与陈设的地面位置，勾画轮廓图形。

（d）按设计素描的手法，由下至上画出家具陈设的立体形状。再以坐标定位分别确定顶棚与墙面上各个形态的轮廓线。

（e）发挥空间想象力，依照各平、立面设计图形，进一步刻画室内各类物体的形象细部，完成透视效果图的线稿。

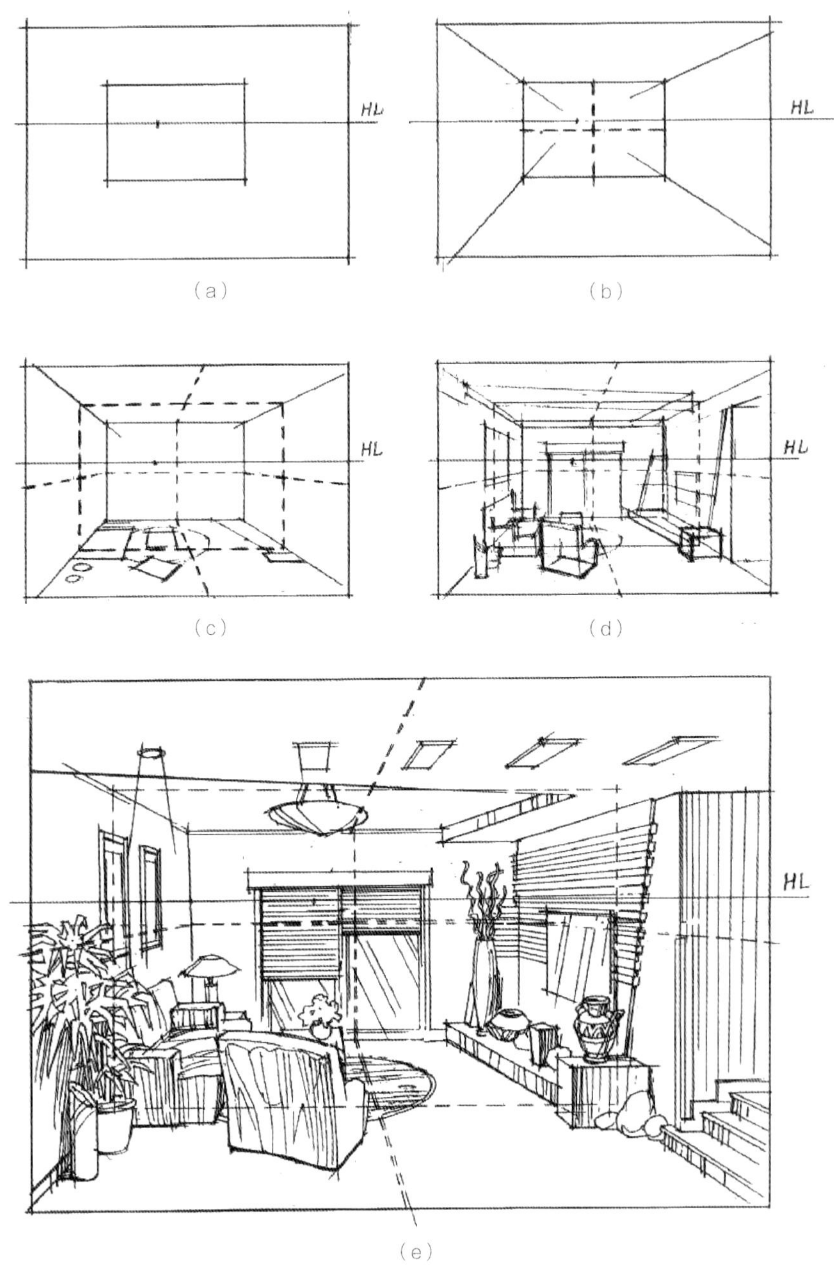

图 4-19 “十字”网格定位快速透视作图

第5章

分类技法介绍

5.1　铅笔画（包括彩色铅笔画）技法

5.2　马克笔画（包括仿马克笔画）技法

5.3　钢笔画（包括针管笔画）技法

5.4　水彩画（含透明水色画）技法

5.5　色粉笔画技法

5.6　电脑表现技法

第 5 章　分类技法介绍

室内表现技法种类很多，应根据客观条件、个人的能力和习惯选择合适的表现技法。下面分别介绍几种常用技法，供练习时参考。

5.1　铅笔画（包括彩色铅笔画）技法

铅笔在绘画中是一种出现最早、被使用最普遍的工具，其绘画技法也为人熟悉。这儿着重介绍如何在室内表现图中，依据对象形状、质地等特征有规律地组织、排列铅笔的线条，以及如何利用其他辅助工具画出理想的效果等问题。

表现图不像素描那样经历反复认识、反复修改。画者须做到胸有成竹，意在笔先，并对各个面和物体的用笔方向、明暗深浅事先有一个基本计划。作图过程中，虽然明暗对比是从弱到强逐步加深，但步骤也不宜过多，两三遍即可，有的地方能一次到位就不必再二再三。一般选用 4B 左右的软铅笔作图，尽量少用橡皮擦。

铅笔线条分徒手线和工具线两类。徒手线生动，用力微妙，可表现复杂、柔软的物体，工具线规则、单纯，宜表现大的块面和平整、光滑的物体（图 5-1）。

图 5-1　铅笔线条训练

涂色时为了保持用笔的力度感、轻快性，又不破坏图形轮廓的整齐，可利用直尺、曲线尺和大拇指进行遮挡，必要时也可刻出纸样进行遮挡。

图纸上已画过的软铅笔的铅粉容易被摩擦，故须保护，须学会利用小手指撑住手掌画线，或者利用纸片遮挡已画过的画面。

水溶性彩色铅笔可发挥溶水的特点，用水涂色取得浸润感，也可用手指或纸擦笔抹出柔和的效果，见图 5-2 ~图 5-7。

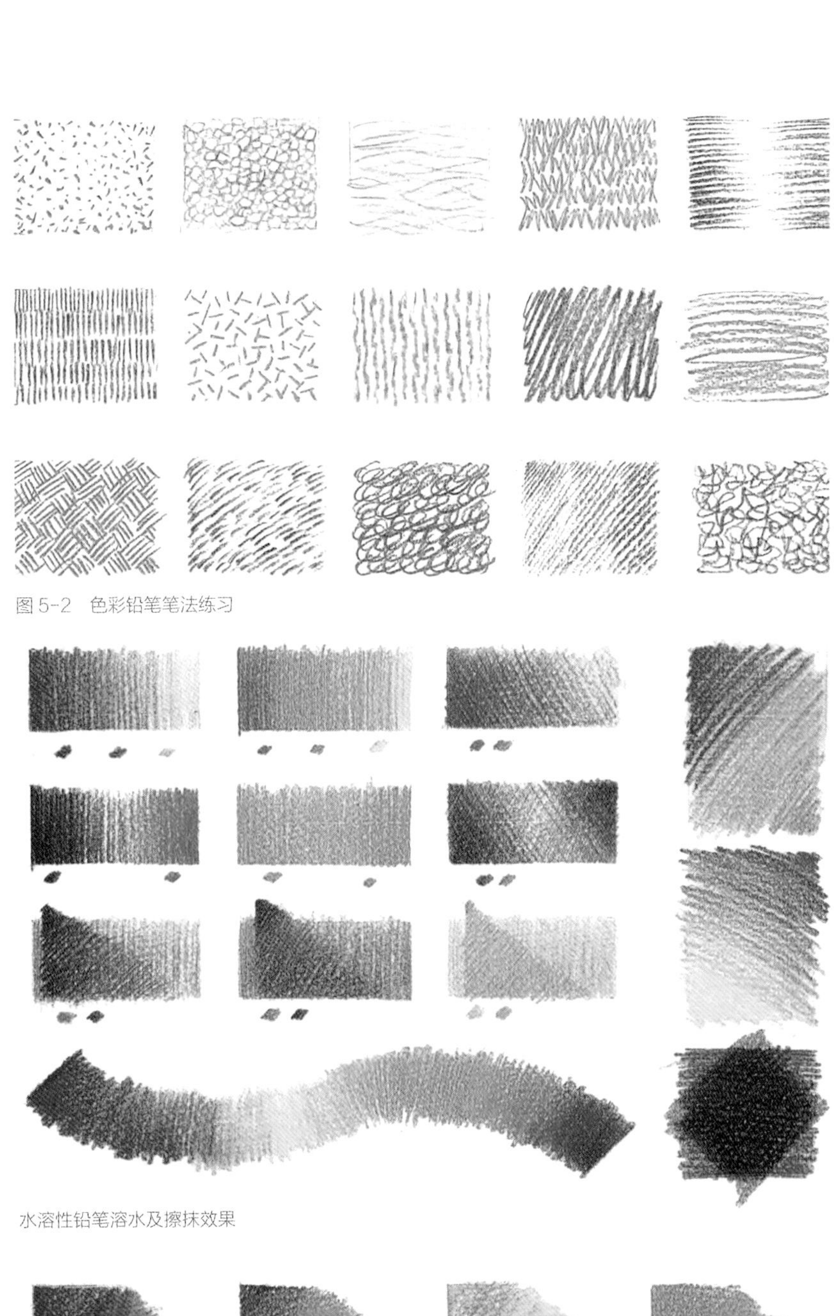

图 5-2　色彩铅笔笔法练习

图 5-3　色彩铅笔配色练习

（a）用针管笔起稿

（b）用彩色铅笔上彩

图 5-4　室内一角

炭笔起稿，彩铅上色，最后用白粉笔提亮色

图 5-5　小客厅

用木炭笔在水彩刷制的色纸上完成素描效果，然后再用色粉笔或油画棒局部上色

图 5-6　酒吧

（a）白色纸上勾画好轮廓线，可将物体边缘交界线或暗面轮廓线加粗

（b）用暖褐色铅笔根据室内空间的明暗变化，画出暗影和地面的基调色

（c）强化阴影，表现主要物品的基本色彩关系，最后完成地面倒影

图 5-7　吧台画法步骤

5.2 马克笔画（包括仿马克笔画）技法

近年来，马克笔以其色彩丰富、着色简便、风格豪放和成图迅速，受到设计师普遍喜爱。

马克笔笔头分扁头和圆头两种，扁头正面与侧面上色宽窄不一，运笔时可发挥其形状特征，构成自己特有的风格。

马克笔上色后不易修改，故一般应先浅后深。浅色系列透明度较高，宜与黑色（或深色）的钢笔画或其他线描图配合上色，作为快速表现也无须用色将画面铺满，有重点地进行局部上色，画面会显得更为轻快、生动。

马克笔的同色叠加会显更深，多次叠加则无明显效果，还容易弄脏颜色。

马克笔的运笔排线与铅笔画一样，也分徒手与工具两类，应根据不同场景与物体形态、质地以及表现风格选用，见图 5-8 ~图 5-11。

图 5-8　马克笔笔法练习

图 5-9　用水粉笔作仿马克笔触练习

（a）画底稿钢笔墨线时注意线的粗细变化，并画出明暗和阴影

（b）用较浅的颜色画出不同材质的基本色调，适当表现暗影的暖褐色

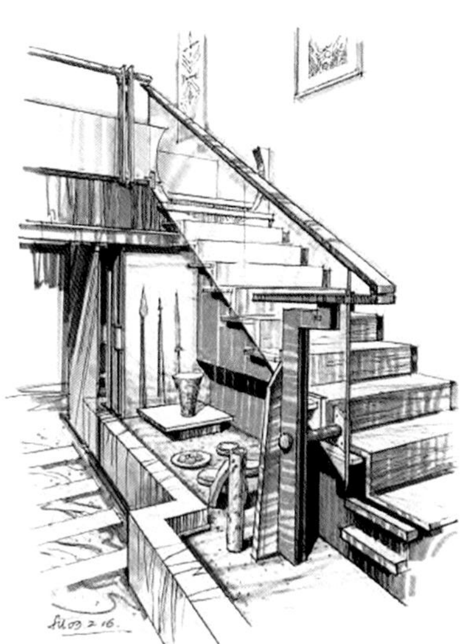

（c）加深各部位的基本色彩，强调依据物体形态转折方向来运用笔触，使画面的色调、空间与笔触既整体和谐又有节奏变化

图 5-10　室内楼梯画法步骤

图 5-11　半开敞居室（色纸、马克笔）

水性马克笔修改时可用毛笔蘸清水洗淡（难以彻底洗净），油性马克笔则可用笔或棉球头蘸甲苯洗去或洗淡。

马克笔笔法趣味，令人喜爱。但其价格昂贵，学生们望而生畏。作为一种练习，作为一种效果的追求，可利用油画笔和水粉笔蘸上水彩颜料，画在稍有吸水的白卡纸上，也能获得马克笔的某些趣味。这儿须强调利用靠尺运笔，并注意保持运笔方向的一致性。油画笔笔毛方整，但蓄水量小。水粉笔蓄水量稍大，但笔毛较软，可将笔尖压平用锋利剪刀果断剪去尖梢的细毛，其效果较佳。

作图时，结合画幅大小，选用各种规格的油画笔和水粉画笔，所绘线条的宽窄会更为随意。这一点是正宗的马克笔所不及的，见图 5-9、图 5-12 和图 5-13。

图 5-12　居室 1　杨古月　作（马克笔）

图 5-13　居室 2　杨古月　作（马克笔）

5.3　钢笔画（包括针管笔画）技法

钢笔、针管笔都是画线的理想工具，发挥各种形状的笔尖的特点，可以达到类似中国传统的白描画的某些效果，如钉头鼠尾、铁线、游丝等。画风严谨、细腻、单纯、雅致，也常作为彩铅笔、马克笔画或淡彩画的轮廓描绘。

钢笔画也常利用线的排列与组织塑造形体的明暗，追求虚实变化的空间效果，也可针对不同质地采用相应的线型组织，以区别刚、柔、粗、细。还可按照空间界面转折和形象结构关系来组织各个方向与疏密的变化，以达到画面表现上的层次感、空间感、质感、量感，以及形式上的节奏感、韵律感，见图 5-14 ~图 5-16。

图 5-14　钢笔画线条练习之一

图 5-15　钢笔画线条练习之二

（a）餐厅　张弛　作

（b）办公室　张弛　作

（c）KTV　包房　安晓　作

图5-16　钢笔画练习（1）

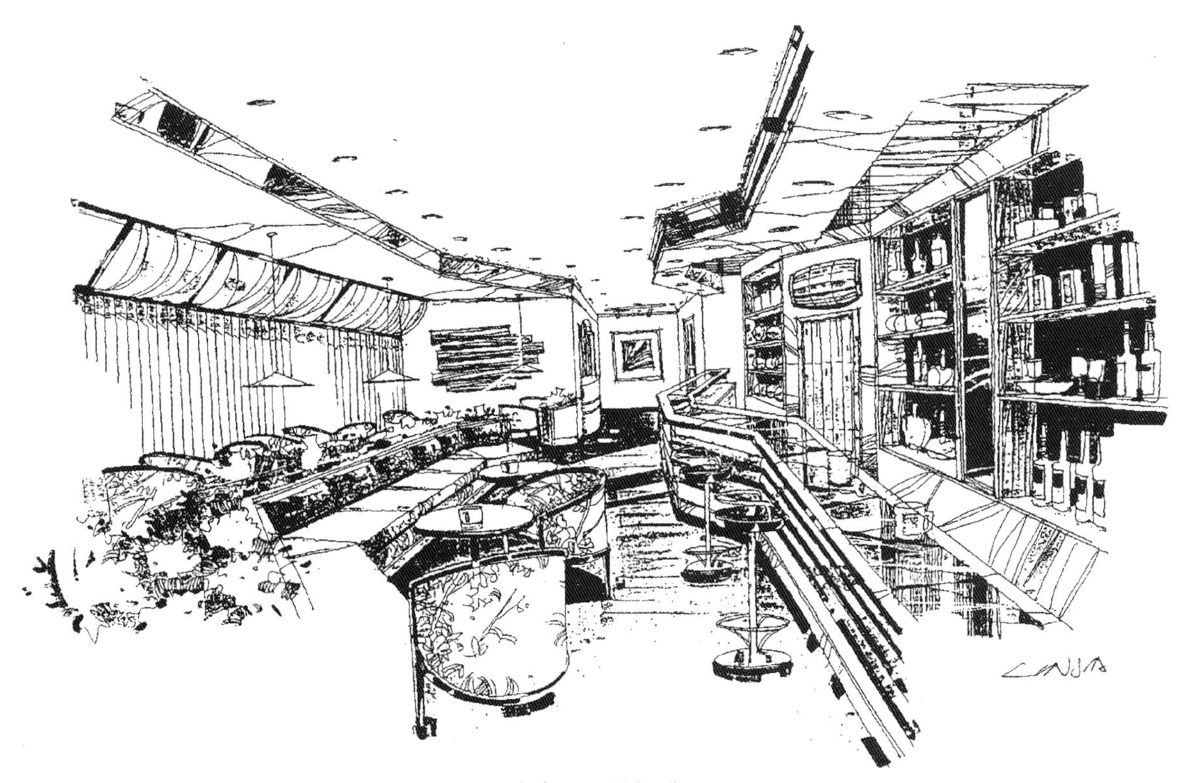

（d）酒吧　林嘉　作

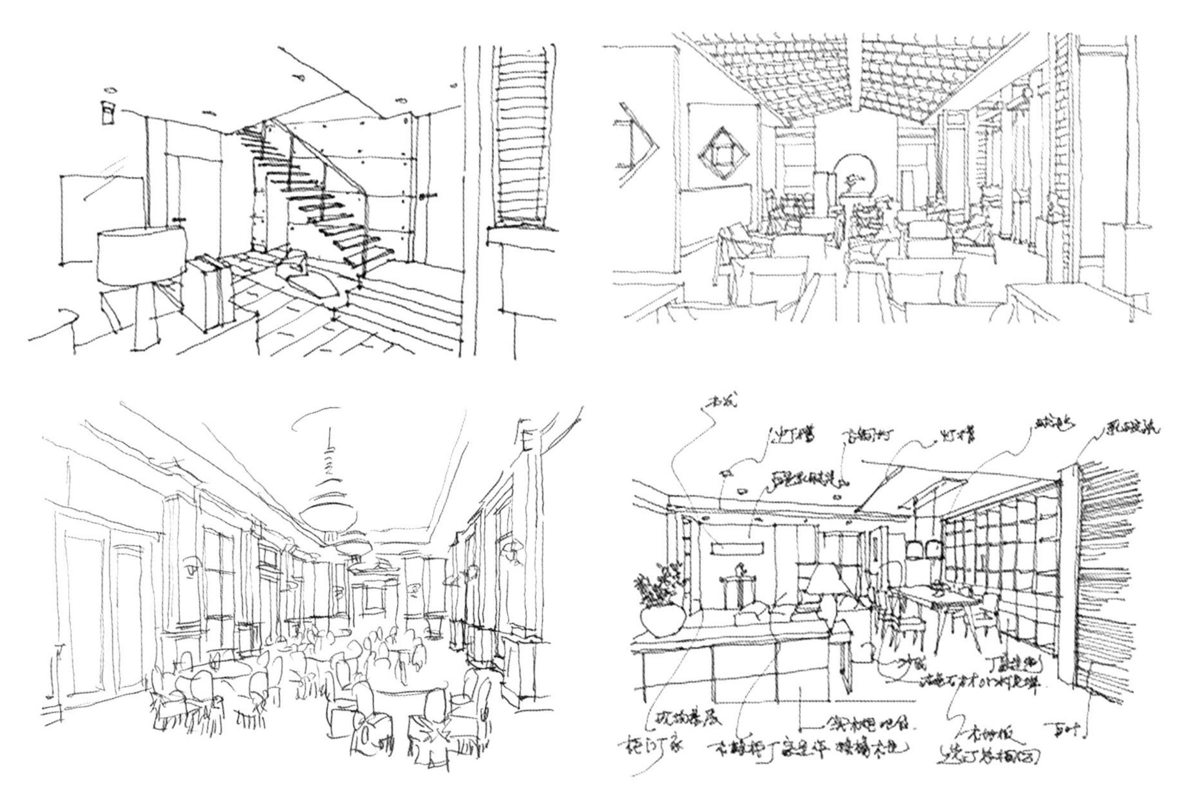

（e）多场所练习　丁晶　作

图 5-16　钢笔画练习（2）

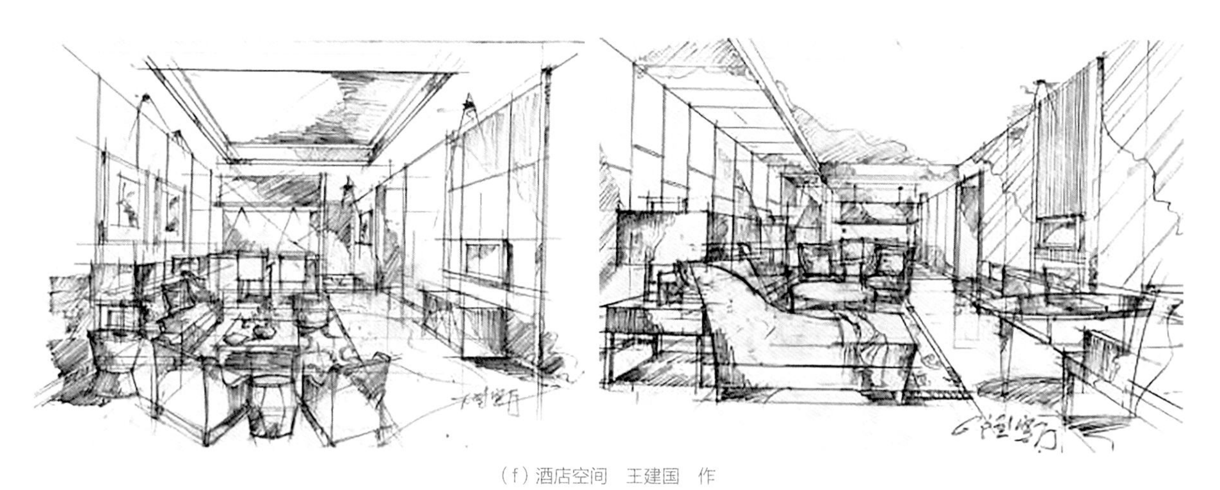

（f）酒店空间　王建国　作

图 5-16　钢笔画练习（3）

5.4　水彩画（含透明水色画）技法

水彩渲染是建筑画中较为古老的一种技术，同时也是一种使用较为普遍的教学训练手段。

水彩表现要求底稿图形准确、清晰，忌用橡皮擦伤纸面，而且十分讲究纸和笔上含水量的多少，即画面色彩的浓淡、空间的虚实、笔触的趣味都有赖于对水分的把握。

水彩画上色程序一般是由浅到深，由远及近，亮部与高光要预先留出。大面积的空间界面涂色时颜料调配宜多不宜少，色相总趋势要基本准确，反差过大的颜色多次重复容易变脏。

水彩渲染常用退晕、叠加与平涂三种技法。

（1）退晕法：先将图板倾斜，首笔平涂后趁湿在下方用水或加色使之逐渐变浅或变深，形成渐弱和渐强的效果。退晕过程多环形运笔，色块底部较多的积水、积色，须将笔挤干再轻触纸面逐渐收去。

（2）叠加法：图板平置，将需染色的部位按明暗光影分界，用同一浓淡的色平涂，留浅画深，干透再画，逐层叠加，可取得同一色彩不同层面变化的效果，见图 5-17。

（3）平涂法：图板略有斜度，大面积水平运笔，小面积可垂直运笔，趁湿衔接笔触，可取得均匀整洁的效果。

退晕法

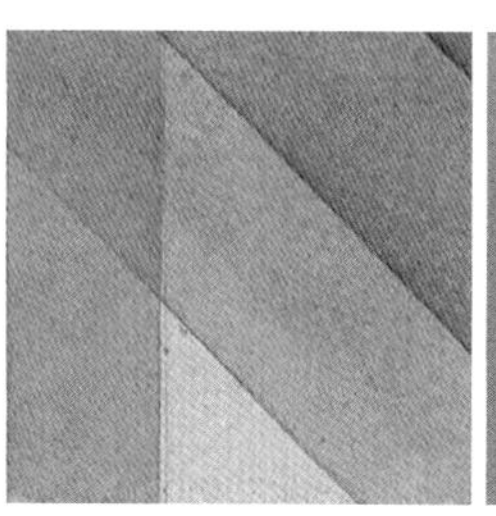
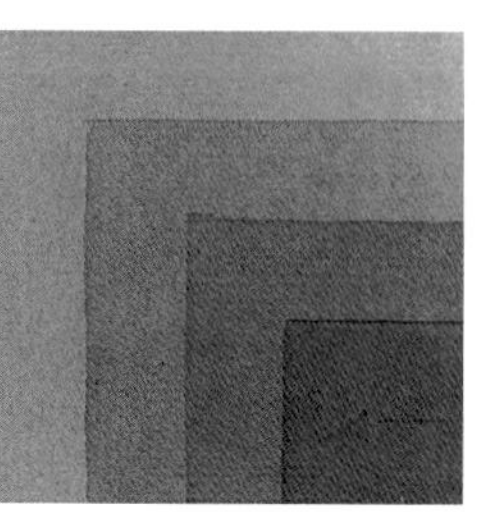

叠加法

图 5-17　水彩渲染技法

水彩画技巧中的沉淀、水渍等效果对质感的表现也是可取的。

目前室内表现图中钢笔淡彩的效果图较为普遍。它是将水彩技法与钢笔技法相结合，发挥各自优点，颇具简捷、明快、生动的艺术效果，见图 5-18 ~图 5-22。

图 5-18　门之影——水彩渲染

图 5-19　走廊——水彩
林雪源　作

图 5-20 办公室——水彩表现 林嘉 作

图 5-21 室内设计构思草图——钢笔淡彩 陈卫东 作

图 5-22　藏式大堂——钢笔淡彩

5.5　色粉笔画技法

色粉笔使用方便、色彩淡雅、对比柔和、情调温馨，对于卧室、客厅、书房等的表现以及室内墙面明暗的退晕和局部灯光的处理均能发挥其优势。

色粉笔粉质细腻，色彩也较为丰富，不足之处是缺少深色，故可配合木炭铅笔或马克笔作画，尤其是以深灰色色纸为基调，更能显现出粉彩的魅力。

色粉笔画作图程序是 ：先用木炭铅笔或马克笔在色纸上画出室内设计的素描效果图，明暗、体积均须充分，暗部深色一定画够，宁可过之，勿可不及。素描关系完成后先在受光面着色，类似彩色铅笔，可做局部遮挡，一次上色粉不宜过厚，对大面积变化可用手指或布头抹匀，精细部位则最好使用尖状的纸擦笔擦抹。这样既可处理好色彩的退晕变化，又能增强色粉在纸上的附着力。画面大效果出来后，只需在暗部提一点反光即可。

画面无须将粉色上得太多太宽，要善于利用色纸的底色。因而事先应按设计内容、气氛，选好合适基调的色纸。

画完成后最好用固定液（定型剂）对画面喷罩，便于保存，见图 5-23、图 5-24。

（a）在有色纸上用木炭铅笔画好素描关系，要求表现尽可能充分一些，此道工序完成也相当于一幅单色素描作品

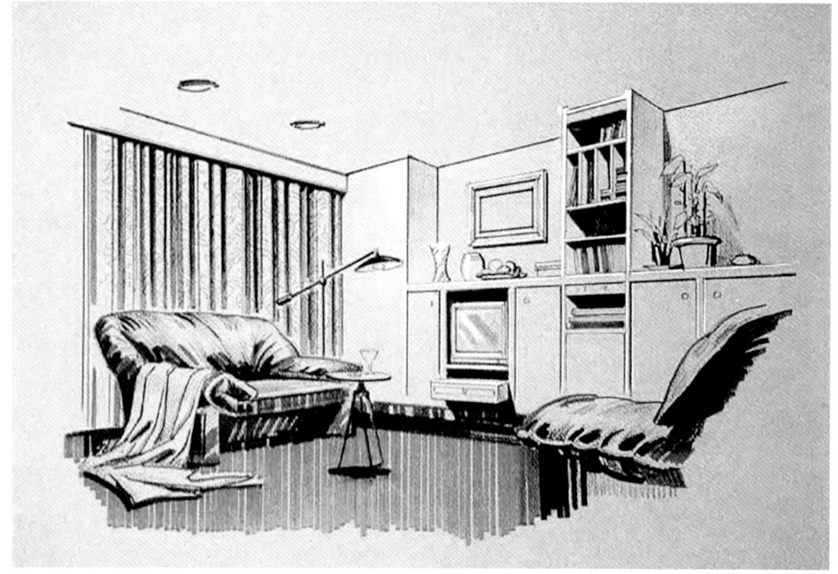

（b）用马克笔画暗部和地面，用白色颜料画最亮的高光线，然后再用浅粉涂抹墙面及顶棚

（c）调整画面暗色，加重窗帘花纹，以及家具陈设中的不足，最后再用粉笔画各处的高光、反光及灯光光晕

图 5-23　起居室表现步骤

先用木炭笔在灰色卡纸上画好素描关系，然后用纸片作遮挡上色粉，并以手指抹匀，局部高光用水粉颜料提亮

图 5-24　宾馆入口（木炭笔加色粉笔）

5.6　电脑表现技法

近几十年来电脑技术的飞速发展，完全改变了人们的生活，也不可避免地改变了设计界。而设计表现图早在 20 世纪 80 年代后期已进入了数字化时代，至今已成主流。相较于传统手绘表现方式，电脑设计软件的表现效果不仅真实快捷，而且便于修改，在效率和便捷性方面远超传统手绘。其特点主要表现为：

（1）便捷性：画家和设计师只需要一套电脑设备（小到一个笔记本电脑或平板电脑）便可工作，而不需要纸张、颜料等复杂的手绘材料。

（2）精确性和规范性：画者可以通过电脑的数字化功能完全精确、规范、快速地表达形体、色彩等内容，甚至毫无误差或衰减。

（3）真实性和现实感：无论画者的艺术修养和手绘技巧多么高超，传统手绘表现图与现实都或多或少存在一定距离。当然，这也是传统手绘的艺术价值之精髓。但电脑算法的精准性使电脑表现图最大限度地接近现实，甚至可以清晰、真实如照片，能真实反映出未来成品的空间、光感、质感以及整体的环境氛围。

尽管电脑的图形表现方式有手绘无法比拟的优势，但画者仍需要通过传统绘画和其他美育课程积累良好的艺术素养。否则电脑表现图便很容易流于平庸、油滑和俗气。优秀的电脑画者往往有过久长的手绘经历，深谙大量艺术知识，在理解设计思想、选择表达角度和构图等诸方面都有独到之处。

目前流行的电脑设计软件 Photoshop、Sketch、Enscape、3DMAX、CAD、Vray、Rhinoceros 等，为复杂而真实的电脑表现效果提供了无限的便捷和可能。效果优异的电脑表现图往往是画者借助多种软件、经过多重渲染而成的，见图 5-25、图 5-26；或者画者在此之前适当添加手绘表现方式，将手绘与电脑表现完美结合，彰显更高的艺术品格和人文趣味，见图 5-27、图 5-28。

使用工具：PC+IPAD Air 2020
使用软件：PC 端 SU+PC 端 enscape
作图步骤：使用 SU 建立模型完成贴图，打开 enscape 调整图像基本参数，添加大气效果，调整日照时间，渲染导出效果图

使用工具：PC+IPAD Air 2020
使用软件：PC 端 SU+PC 端 enscape
作图步骤：使用 SU 建立模型完成贴图，打开 enscape 调整图像基本参数，添加大气效果，调整日照时间，渲染导出效果图

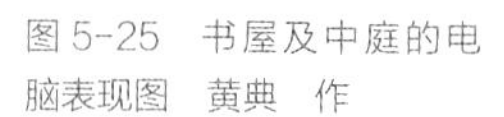

图 5-25　书屋及中庭的电脑表现图　黄典　作

图 5-26　会所内景电脑表现图　董南亚　作

使用工具：PC+IPADpro
使用软件：
PC 端 CAD2018+PC 端 3Dmax+PC 端 PS
Ipad 端 Sketches
操作基本流程：CAD 导出 pdf，Sketches 打开进行场地设计分析，期间添加思路和意向（文字图片均可），思路清晰后初步线稿绘制，然后上色上效果，PC 端利用 CAD 再进行尺寸结构等数据的修正再进行各种效果的模拟。

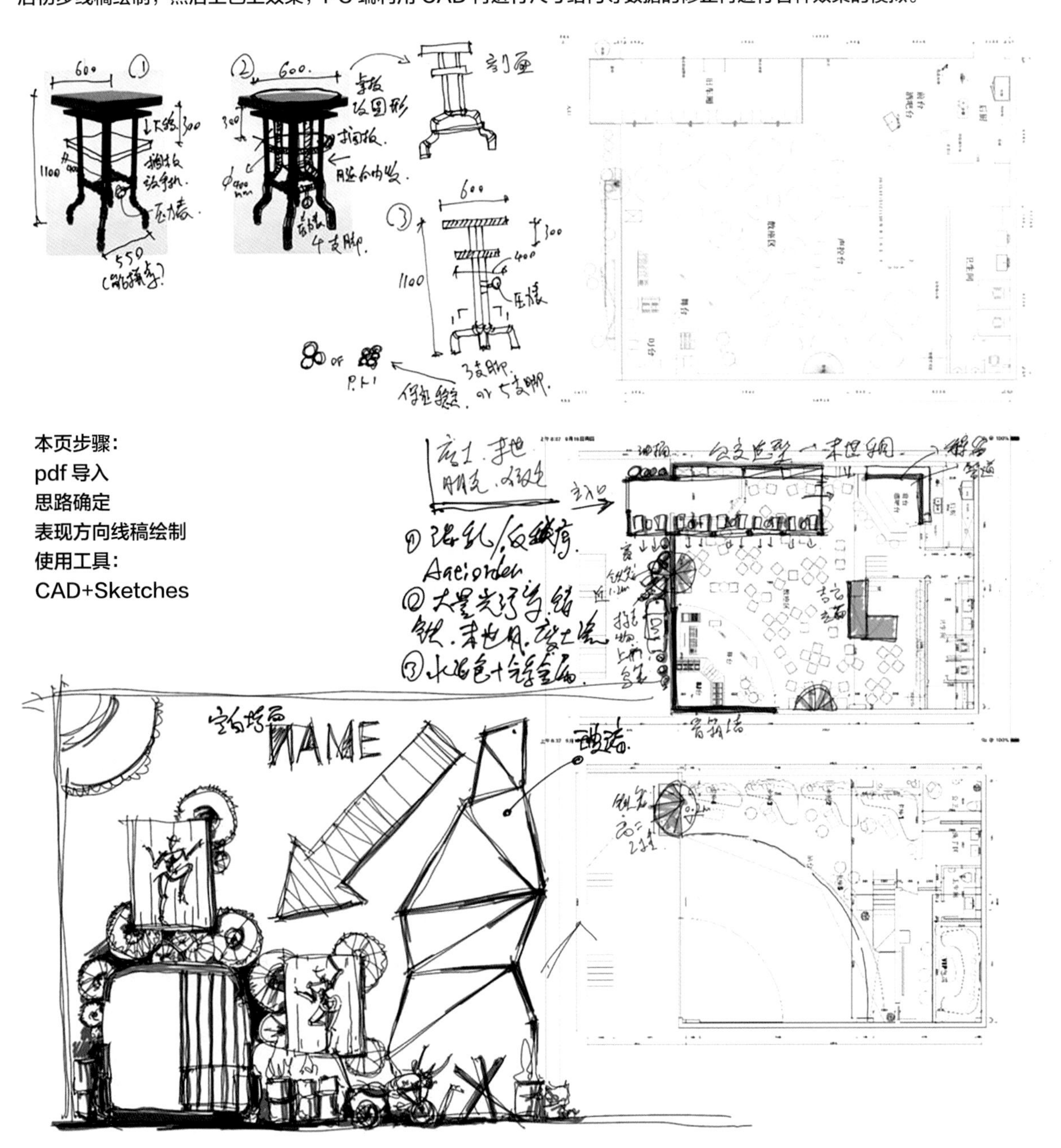

图 5-27　酒吧的电脑表现草图（1）　陈栩　作

本页步骤：
将重点表现部分做背景加暗处理，为灯光效果做铺垫。
使用工具：Sketches

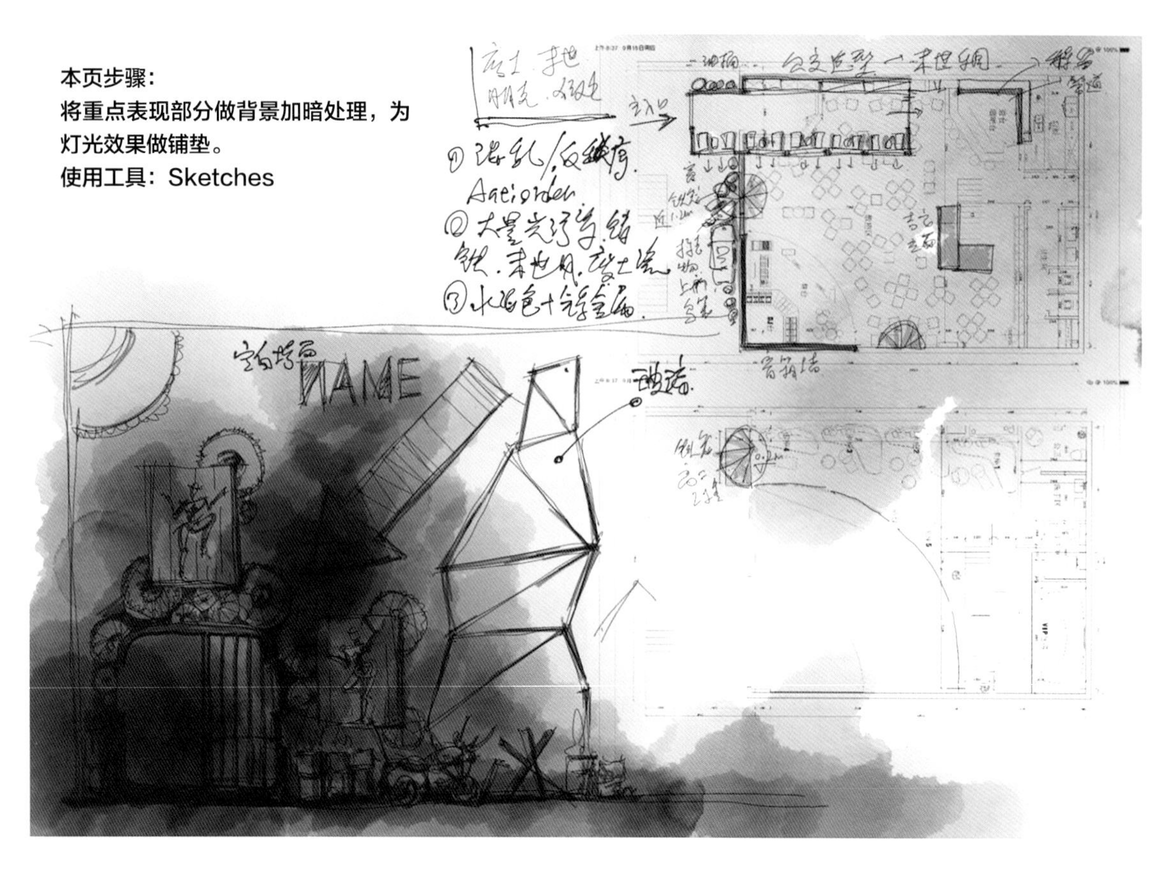

本页步骤：
暗部需要表现的灯光部分开始用荧光笔工具做突出效果。
使用工具：Sketches

图 5-27　酒吧的电脑表现草图（2）　陈栩　作

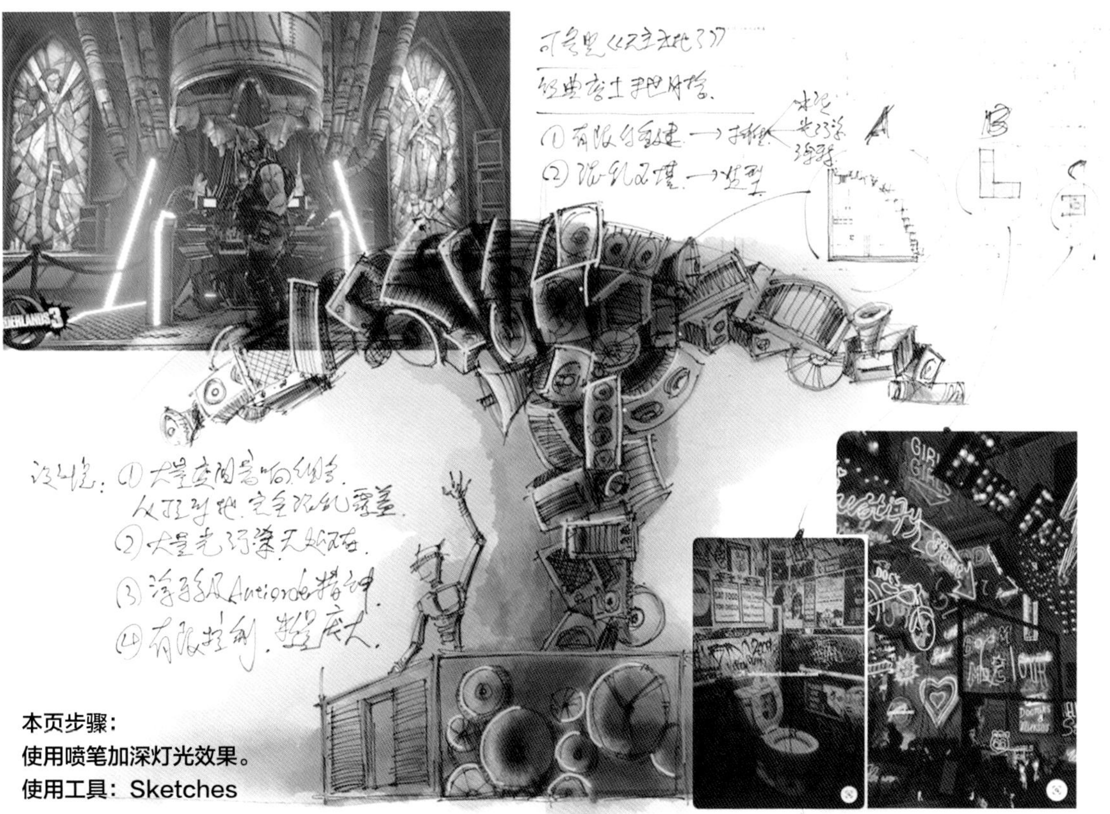

本页步骤：
使用喷笔加深灯光效果。
使用工具：Sketches

图 5-27　酒吧的电脑表现草图（3）　陈栩　作

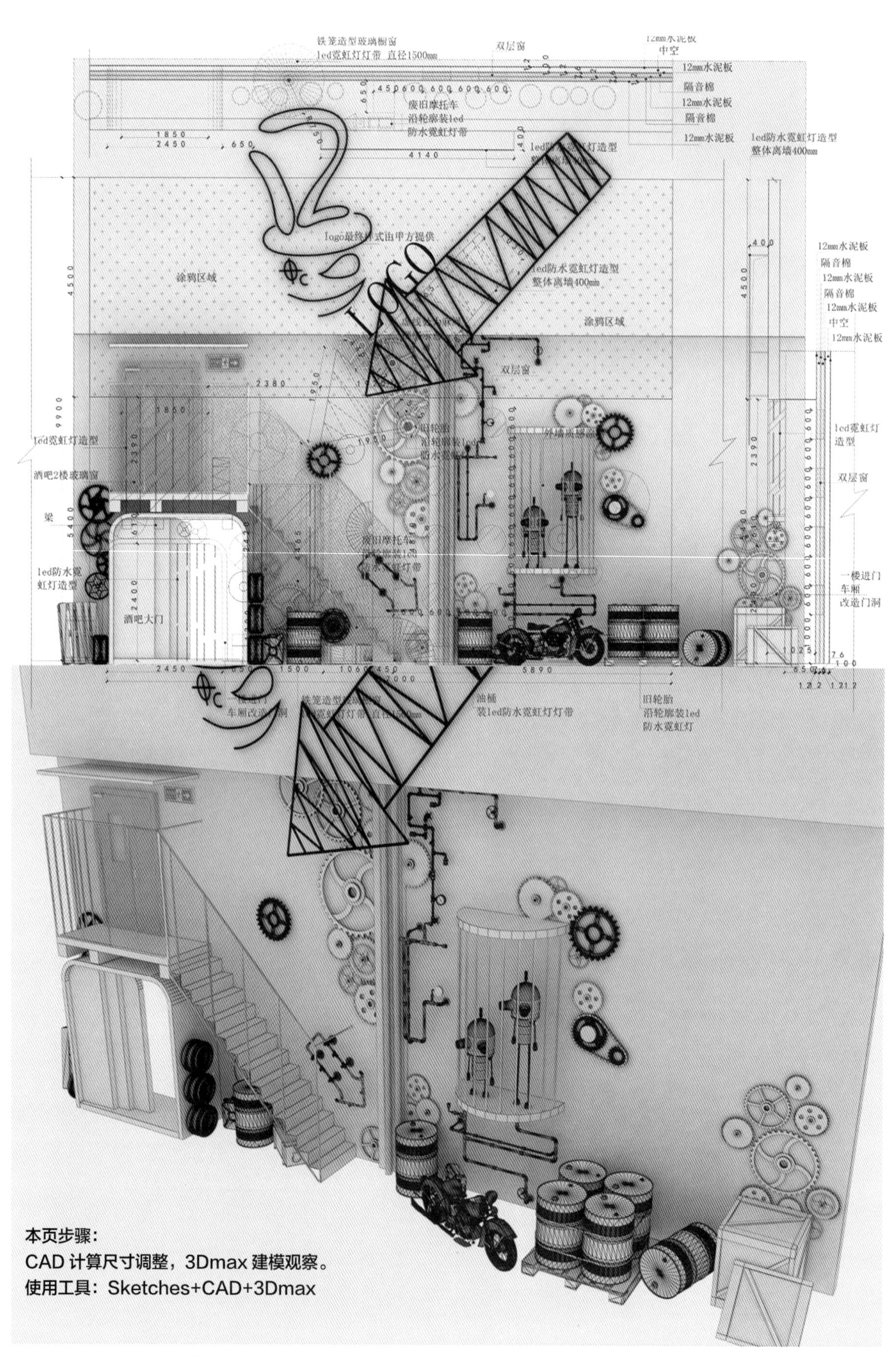

图 5-28　酒吧的电脑表现图（1）　陈栩　作

外部主体结构及配色表现

本页步骤：

3Dmax 建模导入主配色模拟

使用工具：3Dmax-vray+PS

图 5-28　酒吧的电脑表现图（2）　陈栩　作

第6章

室内材质、家具、陈设及氛围的表现

第 6 章　室内材质、家具、陈设及氛围的表现

室内表现图必定涉及各种装饰材料和家具陈设等。它们在一幅画中往往处于十分显眼的位置，直接影响着表现图的真实性与艺术性。故应在平时的基础训练中将它们作为重点对象进行较为充分、细致、深入的刻画，从而掌握表现它们的各种手段和规律。

6.1　砖石

1. 石材、地砖纹理与质地

抛光石材质地坚硬、表现光滑、色彩沉着、稳重，纹理自然变化呈龟裂状、树杈状或云纹状。花岗石往往还呈现晶粒或芝麻点花纹。粗糙的石材不出现光感，多以乱线或不规则的点处理表面，见图 6-1。

砖、石

图 6-1　石材、瓷砖表现技法

2. 砖石墙的表现

“室外造型室内化”是现代室内设计常用手法，给人以新空间、新视觉、新感受。

（1）红砖墙。涂刷红砖底色不可太匀，并有意保留斜射光影笔触，用鸭嘴笔按顺丁排列画出砖缝深色阴影线，然后在缝线下方和侧方画受光亮线，最后可在砖面上散一些凹点，表示泥土制品的糙犷感，见图 6-2（a）。

砖、石

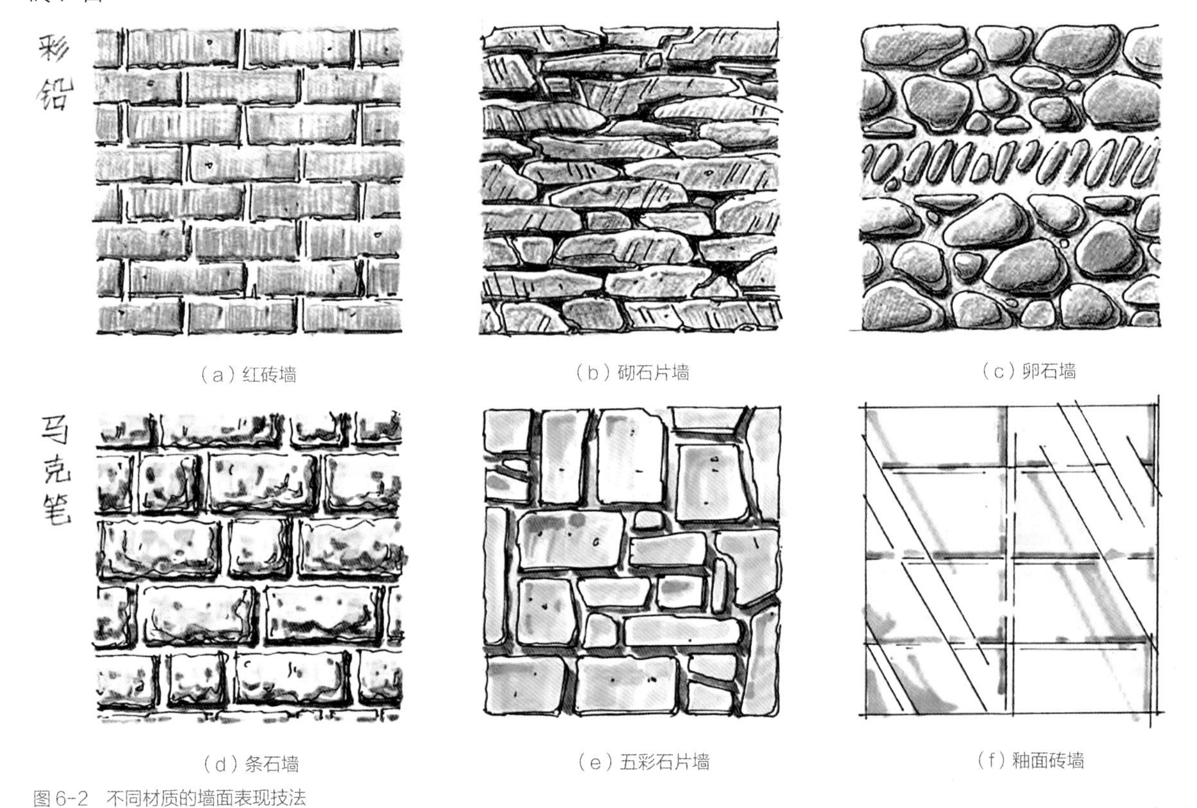

（a）红砖墙 （b）砌石片墙 （c）卵石墙

（d）条石墙 （e）五彩石片墙 （f）釉面砖墙

图 6-2 不同材质的墙面表现技法

（2）砌石片墙。以自然石片堆砌，砌灰不露，石片之间缝隙尤为明显，宽窄不等，石片端头参差尖锐。根据以上特点，上色时用笔应粗犷，不规则，以显自然情趣，见图 6-2（b）。

（3）卵石墙。以黑灰色为主，再配以其他色彩的灰色，强调卵石砌入墙体后椭圆形的立体感。高光、反光及阴影的刻画必不可少，光影线应随卵石凸出而起伏，见图 6-2（c）。

（4）条石墙。外形较为方整，略显残缺，石质粗糙而带有凿痕。色彩分青灰、红灰、黄灰等色。石缝不必太整齐，可用狼毫描笔颤抖勾画，见图 6-2（d）。

（5）五彩石片墙。比自然石片稍为规则，大多经加工选形后砌筑，形状、大小、长短、横竖组合，错落有致。上色时，注意色彩有所变化。石片之间分凸凹勾缝两类，凸缝影子在缝灰之下，凹缝影子在缝灰之上。利用花岗石（大理石）的边角废料贴石片墙的表现方法与五彩石片墙基本相似，见图 6-2（e）。

（6）釉面砖墙。是一种机械化生产的装饰材料，尺寸、色彩均比较规范。表现时须注意整体色彩的单纯，墙面可用整齐的笔触画出光影效果，用鸭嘴笔表现凹缝较为得当，近景刻画可拉出高光亮线，见图 6-2（f）。

6.2 木材

室内装饰中木材使用最为普遍。它加工容易，纹理自然而细腻，与油漆结合可产生不同深浅、不同光泽的色彩效果。

1. 纹理与颜色

表现图中的木纹刻画带有象征性，不可能像科普挂图那样做出各种区别，在此仅强调几个描绘要点:

（1）树结状：以一个树结开头，沿树结作螺旋放射状线条。线条从头至尾不间断。

（2）平板状：线条弯曲折变而流畅，排列疏密变化节奏感强，在适当的地方作抖线描写。

木材的颜色因染色、油漆可发生异变，根据多数情况的归纳大致分成偏黑褐色（如核桃木、紫檀木）、偏枣红（红木、柚木）、偏黄褐（樟木、柚木）、偏乳白（橡木、银杏木）等颜色，见图 6-3。

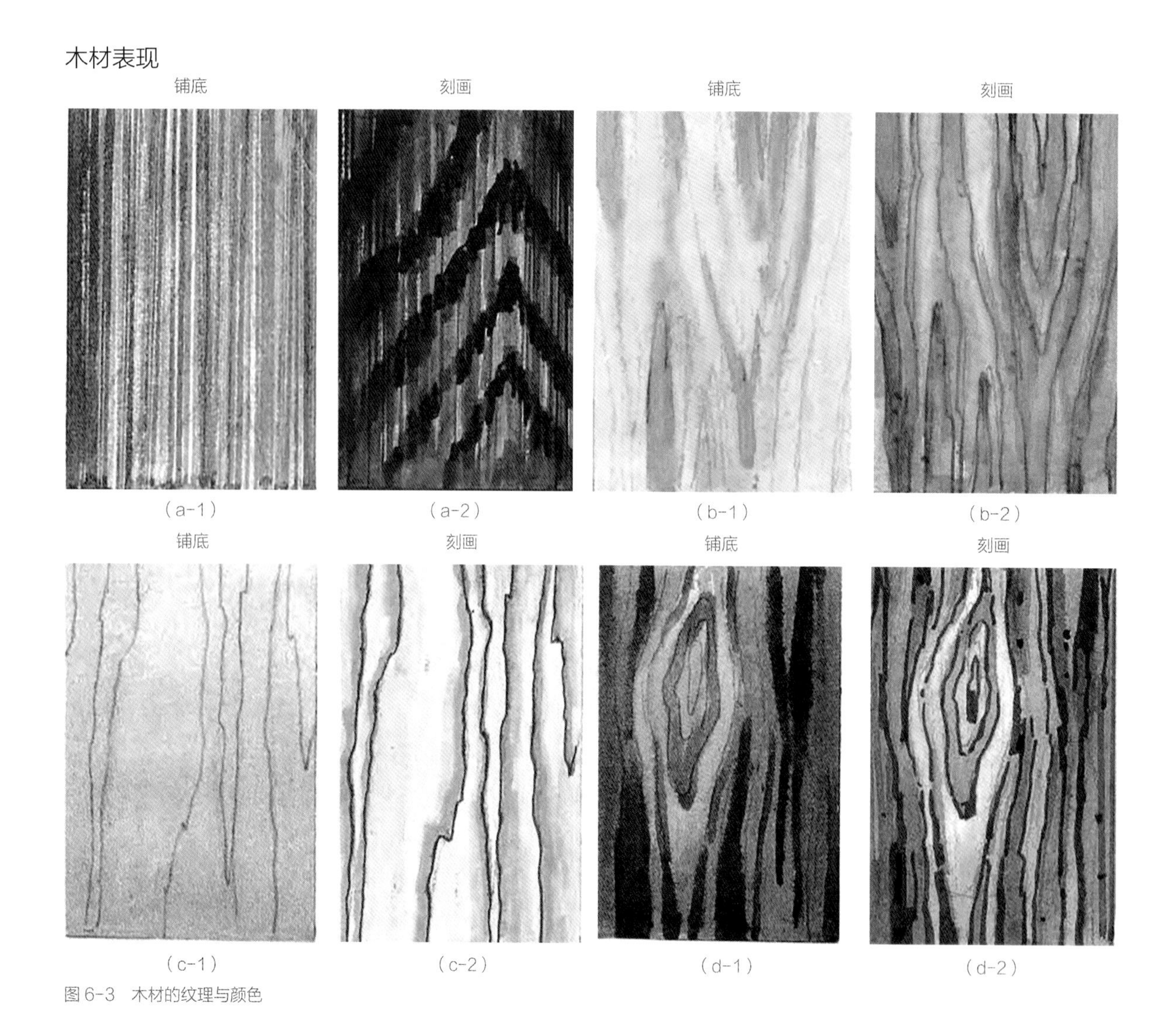

图 6-3　木材的纹理与颜色

2. 木板墙的表现

图 6-4 绘有两幅墙板：图中左为木企口板墙，图中右为原木板墙。两图均用马克笔加淡水彩绘成。

企口板墙表现步骤:

（a）轮廓线靠直尺画出，画木板底色也可利用直尺留出部分高光;

木板墙的表现步骤（马克笔）

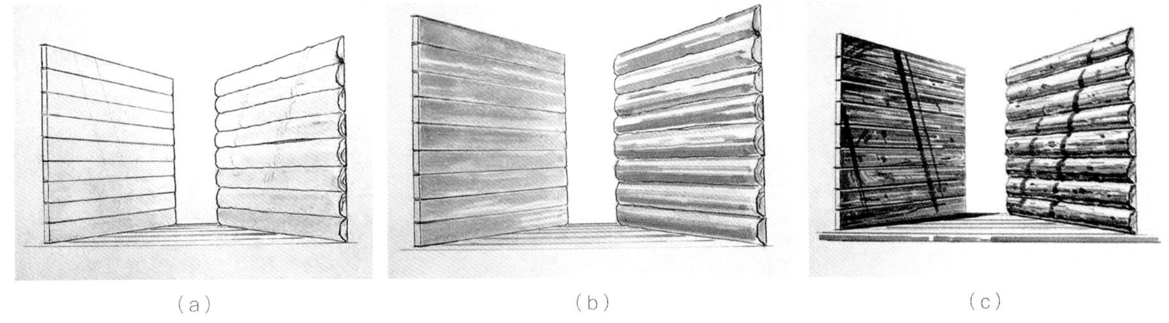
（a）　（b）　（c）

图 6-4　木板墙的表现步骤（马克笔）

图 6-5　水彩表现的木制家具

图 6-6　水彩表现的木地板

（b）用马克笔调棕色画出木纹，并对部分木板颜色加重，打破单调感；

（c）画出各板线下边的深影，以加强立体感。再用直尺拉出由实渐虚的光影线，把横向的板条贯连起来增强整体性。

原木板墙的表现：

（1）徒手勾画轮廓线，并略有起伏，上底色时注意半曲面体的受、背光的明暗深浅；

（2）点缀树结，加重明暗交界线和木条下的阴影线，并衬出反光；

（3）强调木头前端的弧形木纹，随原木曲面起伏拉出光影线。这种原木板墙颇具原始情趣，刻画用笔宜粗犷、大方、潇洒，见图 6-5 和图 6-6。

6.3　金属（不锈钢与镀铜）

目前，建筑室内外装修工程中不锈钢及金属材料的使用十分普遍，为了在表现图中更好地表现其材质特点，要掌握以下几个要点：

（1）不锈钢表面感光和反映色彩均十分明显，仅在受光与反射光之间略显本色（各类中性灰色）。抛光金属几乎全部反映环境色彩。为了显示本身形体的存在，作图时可适当地、概念地表现其自身的基本色相（如灰白，金黄）以及形体的明暗。

（2）金属材料的基本形状为平板、球体、圆管与方管。受各种光源影响，受光面明暗的强弱反差极大，并具有闪烁变幻的动感。刻画用笔不可太死，退晕笔触和枯笔快擦有一定的效果。背光面的反光也极为明显，特别注意物体转折处，明暗交界线和高光的夸张处理。

（3）金属材质大多坚实光挺，为了表现其硬度，最好借助靠尺（快捷地拉出率直）的笔触（如使用喷笔，也可利用垫高靠尺稳定握笔手势），对曲面球面形状的用笔也要求果断、流畅。

（4）抛光金属柱体上的灯光反映及环境在柱体上的影像变形有其自身的特点，平时练习要加强观察与分析，找出上下左右景物的变形规律，见图 6-7。

金属（不锈钢与镀铜）

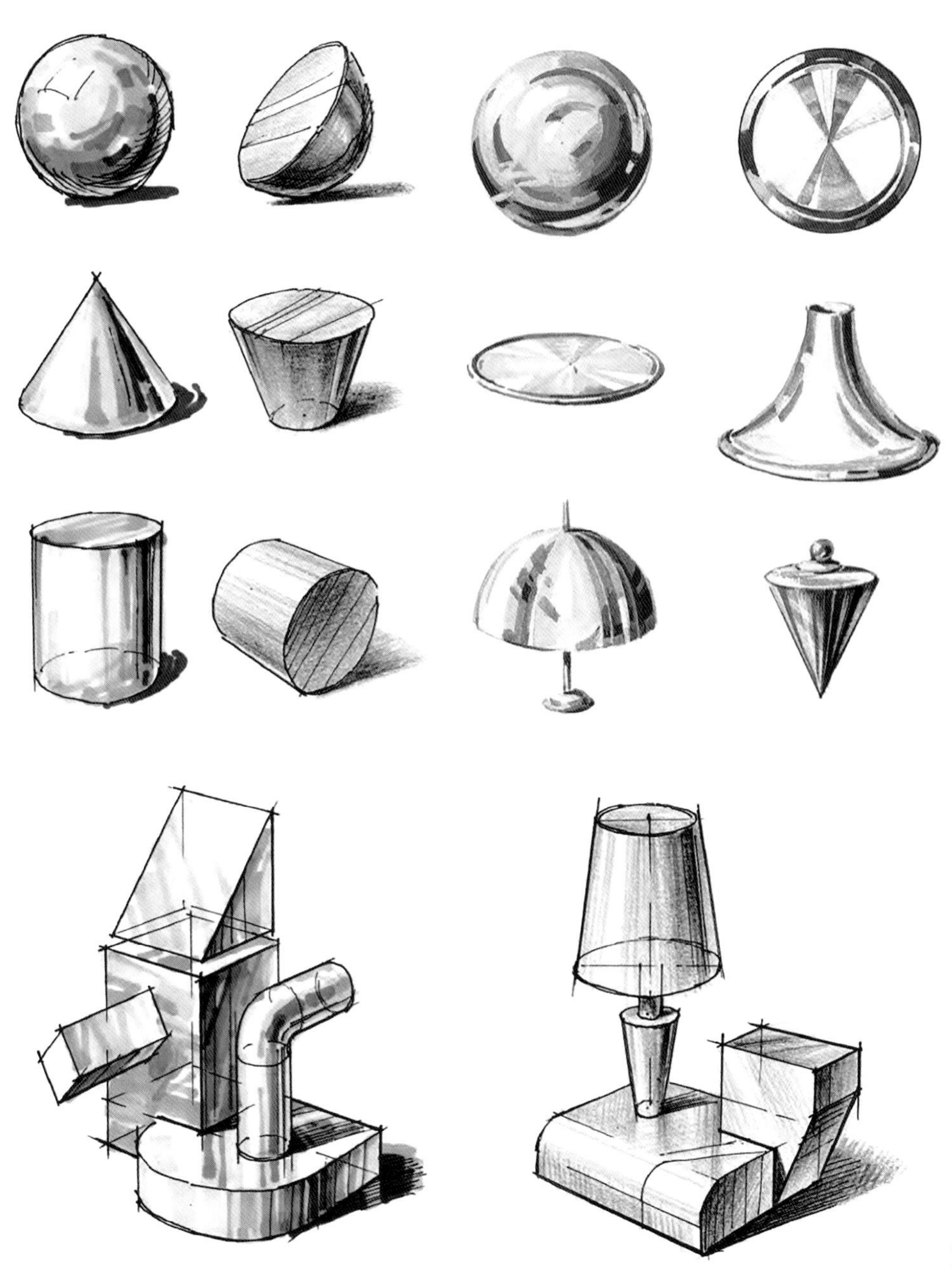

图 6-7　金属材料的几种表现技法（马克笔、彩铅、水粉画）

6.4　玻璃与镜面

玻璃与镜面都属于同一基本材质，只是镜面加了水银涂层后呈照影效果。表面特征则有透明与不透明的差别，对光的反映也都十分敏感和平整光滑，见图 6-8。

室内效果图中的玻璃与镜面的表现用笔比较接近，主要差别是对光与影的描绘上。下面借助图 6-9 对室内空间中上述两种材料的表现效果提出如下要点：

（1）室内空间的右面为玻璃墙，可按室外景物直接画好，然后在无形的玻璃墙面上依直尺画出几道白灰色的笔触，破掉部分室外景象，以示玻璃的存在。

（2）正面和左侧墙上的镜面直接反映所朝向的室内空间景物。两者之间的形状、色彩均保持透视关系上的对称性，对镜面上的景物也适当地作光影线表现。水彩、马克笔则应事先留出或者用笔洗出。

（3）顶棚是由小块的镜面组成。光影的排列按透视消失线和镜片之间的分格线作垂直笔触，以

玻璃与镜面

图 6-8　玻璃与镜面的材质特征

图 6-9　室内空间中的玻璃墙与镜面墙呈现的不同效果

显示小块镜面之间的微差。各镜面反映的形与色彩有适当差别（即微小的错位）。其反映的形象呈倒影关系，上下对称。

（4）镜面与玻璃墙上的光影线应随空间形体的转折而变换倾斜方向和角度，并要有宽窄、长短，以及虚实的节奏变化，同时也要注意保持所反映景物的相对完整性。

6.5　桌、椅、床与地毯

各类型桌、椅、床是画面常见的家具，往往也是决定室内装饰风格的主角。这些家具以木制为主，也有金属和塑钢制作的。皮革、纤维布等成为面饰的重要材料。除了准确表现其形态结构之外，面料的质地表达也是十分考究的。木器与金属杆的光泽须多留白，显示高光；光滑柔软的沙发面料多用流畅弧形的笔触来表达；餐桌桌布的表现着力在转折皱褶；方桌皱褶多在四角；圆桌褶皱沿周边分散自然下垂；床上被单多以褶皱的变化来表达立体感；地毯往往伴随家具出现在图面上，因其质地厚实、绵软、粗犷，边缘多以短小笔触画之。这里分别用马克笔和彩铅对部分家具进行不同技法的表现，见图 6-10 ~图 6-14。不同效果的地毯表现见图 6-14 及图 6-15。

桌、椅、床与地毯

图 6-10　（a）桌椅的彩铅表现　　图 6-10　（b）桌椅的马克笔表现

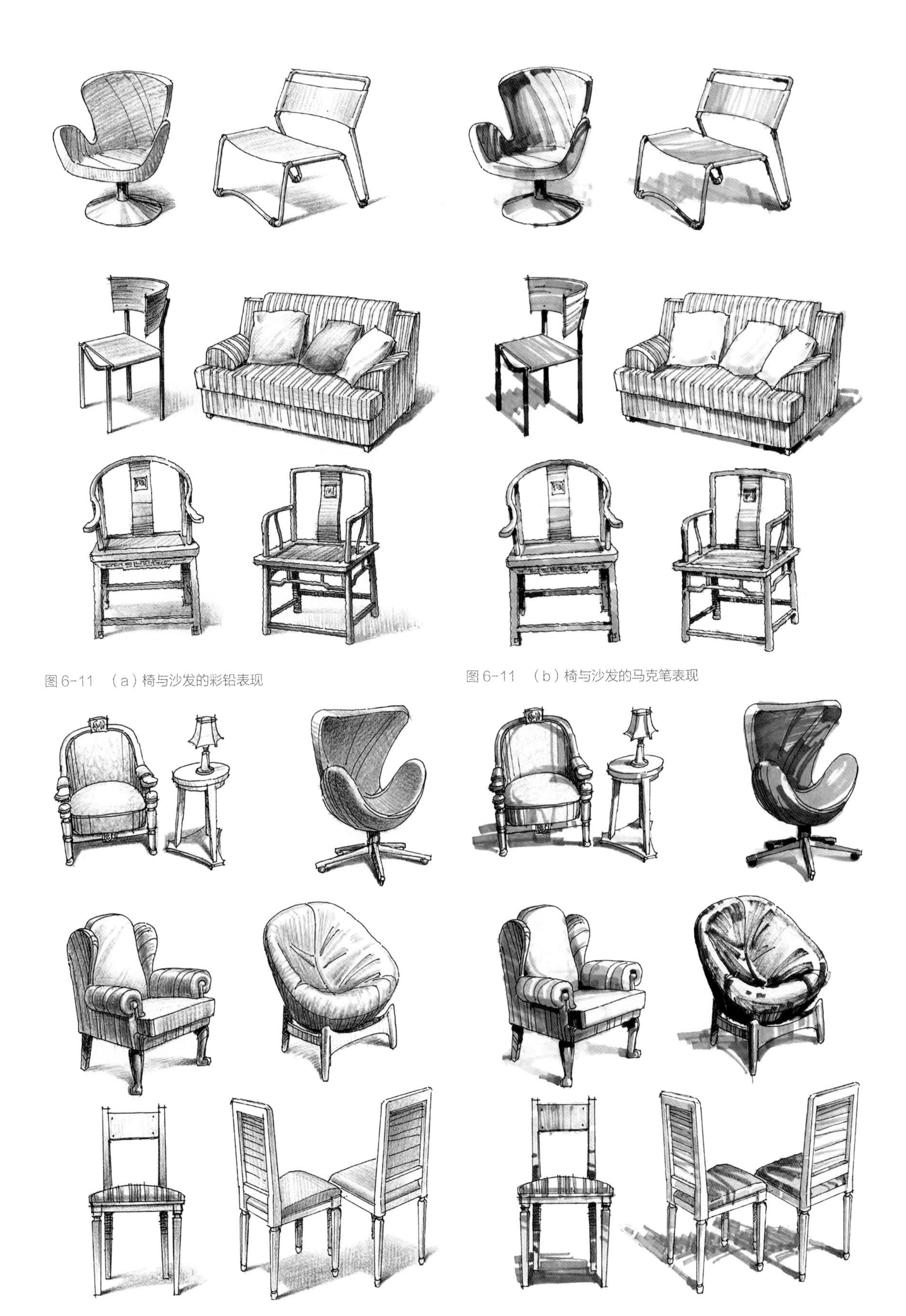

图 6-11　（a）椅与沙发的彩铅表现

图 6-11　（b）椅与沙发的马克笔表现

图 6-11　（c）椅与沙发的彩铅表现

图 6-11　（d）椅与沙发的马克笔表现

图 6-12　双人床的马克笔表现

图 6-13　办公桌、椅的马克笔表现

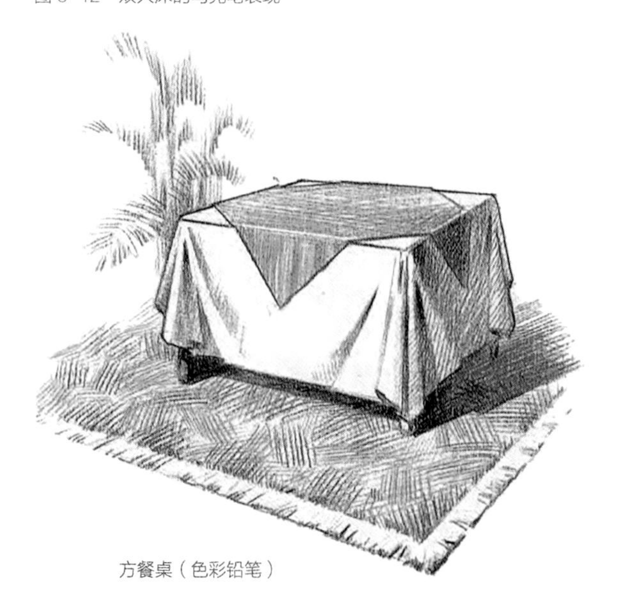

方餐桌（色彩铅笔）

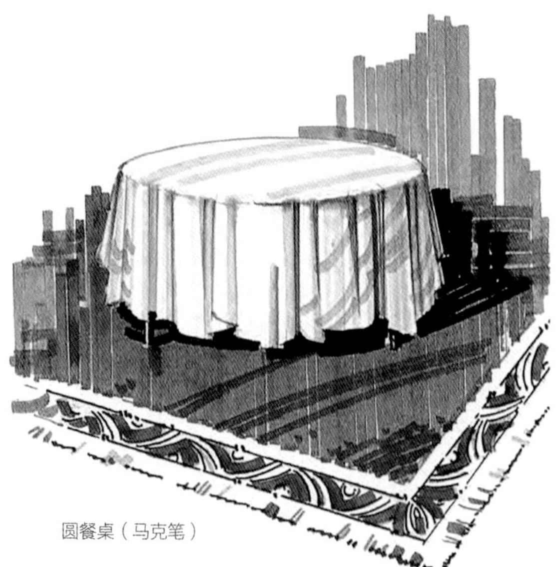

圆餐桌（马克笔）

图 6-14　方餐桌、圆餐桌及地毯

图 6-15　厚实的毛织地毯

6.6　窗帘

居室表现中，窗帘是不可缺少的组成部分。它常处画幅的显眼位置，对居室的格调、情趣起着十分重要的作用。下面就几种样式的窗帘表现步骤介绍如下，见图 6-16。

（1）荷叶边式帘。因其边缘褶皱如荷叶状而得名，上边横条表现的要点是布料收褶的起伏形状，帘幕斜垂及腰束处要交代清楚。水彩表现按退晕效果留出高光，逐步加深暗部，最后画阴影衬出反光，加重下部颜色以表现光照强弱的变化。

（2）帘幔式帘。这种布幔是将各段布的两端头缩紧，形成一连串的中间下垂半圆形状。作画步骤是：先用浅色铺出上浅下深的基调；随后用中明度颜色画半圆形状的不受光面；再用较深的颜色画明暗转折和影子，随即反光显现；最后调整上下明暗变化。对布幔上部突出的半圆形受光面用白色提出高光，增强顶光照射的感觉。

（3）悬挂式帘。这是一种灵活性强、制作简便的布帘装饰。横杆中间结束，两头上搭并使尖角下垂，轻松自然。着色程序类似水彩，先浅后深，整体刻画一气呵成，可靠住直尺用彩铅笔画出褶皱的拱曲效果。

（4）用水粉表现下垂式帘幕。这是室内最为普遍的一种形式，在窗帘盒内设导轨，悬挂的帘幕自然下垂，面料多为有分量的丝、麻织品。用水粉表现的步骤是：首先铺出上明下暗的帘幕基调，再利用靠尺竖向画出帘幕上的褶皱，趁第一道中间色未干时接着画第二道暗部里的阴影和圆筒状褶皱上的阴暗交界线，然后在受光面上提高光，并画出随帘幕褶皱起伏的灯光影子，最后画压在帘幕上的窗帘盒的边缘亮线即完成。如果要在帘幕上刻画花纹时，便可在已画好的帘幕上随褶皱起伏描绘图案。图案不必完整，色度须随转折而变化明暗。

窗帘

图 6-16　窗帘画法

（5）用马克笔表现下垂式布帘。其画法是 ：先用马克笔或钢笔勾画形象，用浅色画半受光面和暗面，留出高光，再用深色画褶皱的影子和重点的明暗交界线。用笔须果断，不要拘泥于微细之处。

（6）白色纱帘。白色纱帘在居室中显得华贵高雅，它不影响光的进入，可给室外景物增添一层朦胧的诗意。其画法是 ：在按实景完成的画面上先画几笔竖向的深灰色（纱帘的暗影）；然后不均匀地、间隔性地用白色拉竖条笔触，颜色可干一点，出现一些枯笔味的飞白，对后景似遮非遮 ；最后对有花饰的地方和首尾之处加以刻画，体现白纱的形体。

6.7　灯具及光影

几乎所有的室内表现都离不开灯具与光影的刻画。灯具的造型、样式往往体现室内装饰的风格和档次。光的表现对室内空间环境氛围起着重要的作用。吊灯、顶灯大多处于室内空间特别显眼的中心位置，引人注目。其他诸如桌上的台灯、墙上的壁灯或落地灯等也都是画面上不可缺少的陈设和点缀。

灯具的形体一般不大，但刻画都不容忽视。现实中，它是当代工业生产水平的展现，画面中细节的表达往往体现出设计的时尚和精致。

光的表达离不开明暗对比和阴影的衬托。马克笔直线笔触往往是表现光照的力度和方向感最出彩的技法。黄色彩铅的退晕效果也是光感最具象征性的手段。图 6-17 ~图 6-19 是采用马克笔和彩铅对各类灯具进行表现的不同效果。

灯具

图 6-17　台灯的彩铅表现

图 6-18　吊灯及其他灯的彩铅表现

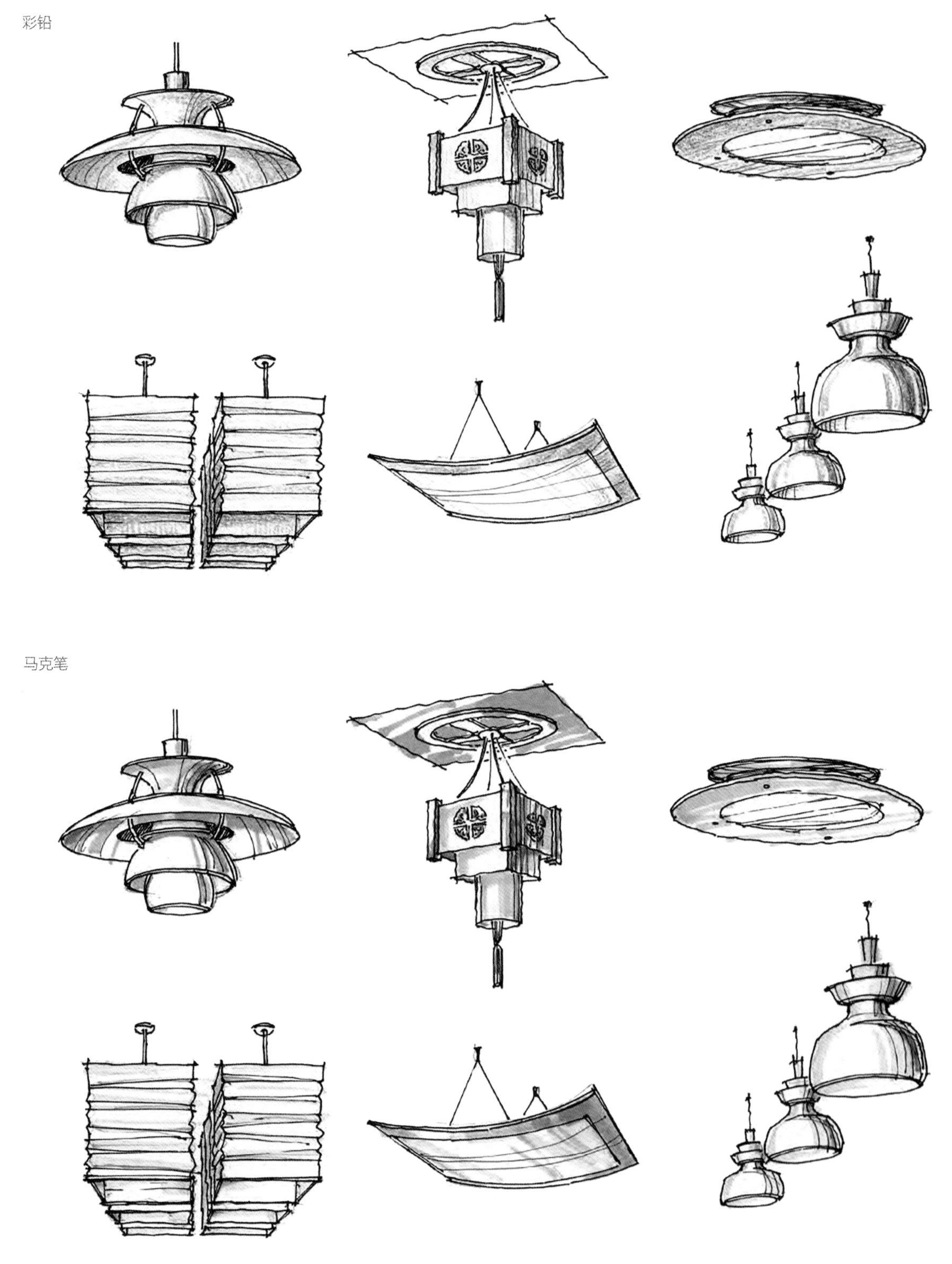

图 6-19 上下两组灯具分别为彩铅与马克笔表现

6.8　室内绿化

为了获得大自然的生机，将室外生长的绿叶植物与花草引入室内已是平常之事。设计上，它们是主体中的点缀和陪衬，在画面构图上起着平衡画面空间重力的作用。比如：在画面近角偌大的一个沙发靠背旁，或在一根感觉过分夸张的大柱子侧边，伸出三两支扇状的蒲葵，或婀娜多姿的凤尾竹，既增添了室内的自然情趣，又起到了压角、收头、松动画面的效果。

由于植物构成较为零碎，形态变化也难掌握，虽是配景，但居画面前端，因最后这几笔处理欠妥而破坏了整幅画的事也常有。因而，总结一两套程式化的表现绿化的手段还是十分有用的。下面介绍几种常用的植物与花草的表现程序，见图 6-20 ~图 6-22。

绿化（花草）

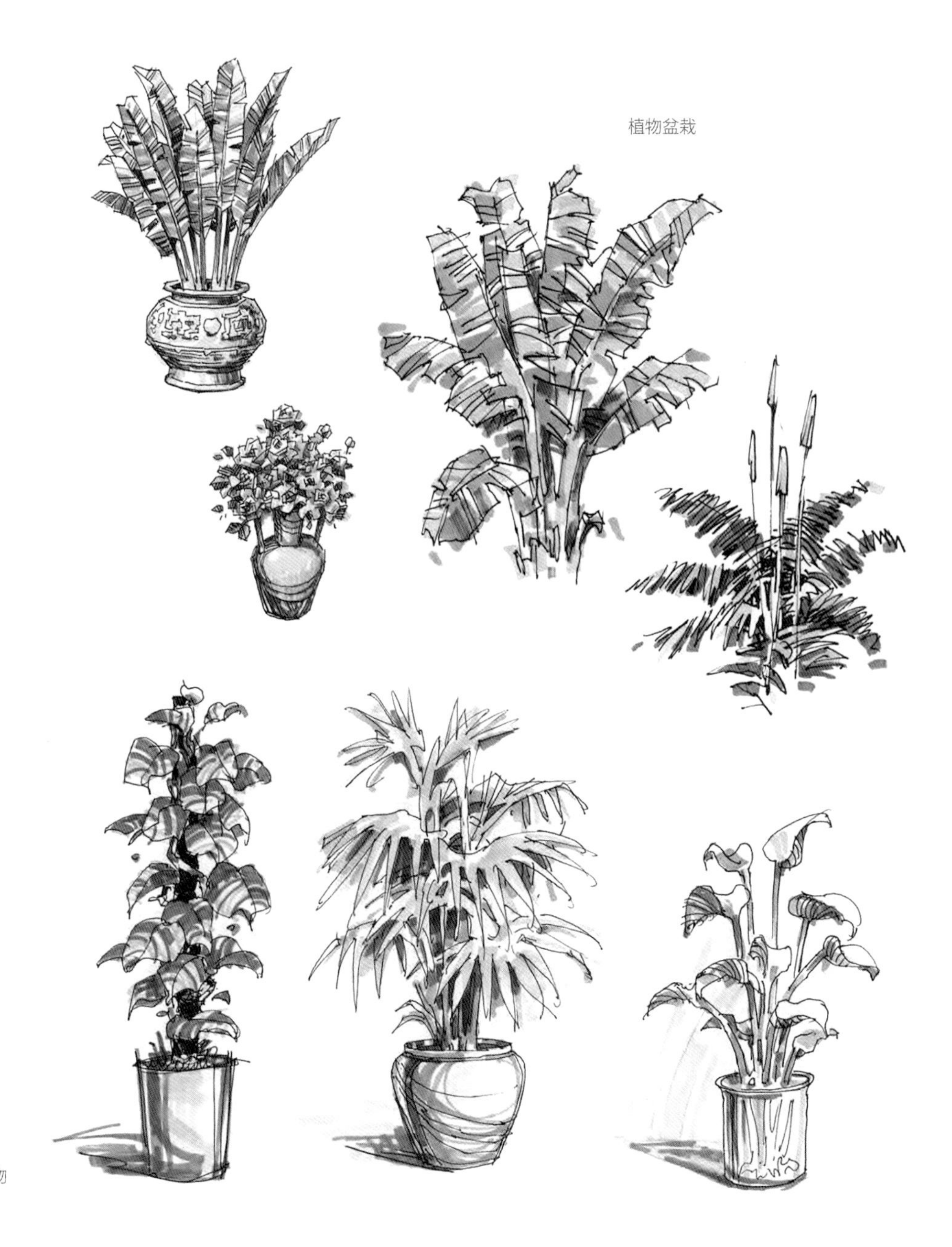

图 6-20　几种不同植物的马克笔表现

图 6-21　几种室内盆栽植物的马克笔、彩铅表现

（a）先用竖向笔触画出圆柱形的白色花盆

（b）用深蓝灰色画墙和地面上的阴影，趁湿画出一些浓淡变化，使其具有透明感

（c）画花的基本颜色，注意整体的明暗对比。受光面可留出一些高光

（d）在花盆上画花的影子，然后再画绿叶。注意区分受光与背光绿叶的色相与明暗

图 6-22　盆花的表现

6.9　室内陈设小品

这里主要是指壁上饰物，如书画、壁挂、时钟等，案头摆设如花瓶、古董、鱼缸、水杯等。这些东西都显示设计的情趣，在渲染室内环境方面起画龙点睛的作用。具体处理上应简单明了，着笔不多又能体现其质感和韵味，要在静物写生基本功练习的基础上，强调概括表现的能力，见图 6-23 和图 6-24。

陈设小品

（a）铺底色，右上角亮，左下角暗，以追求一种空间的光感

（b）用较重的颜色画茶几的轮廓及沙发

（c）强调茶几金属管的重色，用白色提出玻璃茶几面上的光感，并画茶几上的花瓶及器皿

（d）重点画好金属管的高光与反光，再以亮色体现玻璃器皿的质感

图 6-23　茶几的画法

图 6-24　陈设小品的马克笔表现

6.10　人物

某些室内表现图需点缀人物，以显示室内环境的规模、功能与气氛。比如舞厅设计表现图，画面中央往往比较空旷，加上跳舞的人，气氛立即活跃，并增强了画面构图中心的分量。又如店面设计中的入口，内外点上几个进出的人（进多出少），两边的人又都朝入口走来，会使业主看了产生一种满足感。

然而，人物毕竟是一种点缀，不可画得过多，以免遮掩了设计的主体造型。一般在中、远景地方画上一些与场景相适应的人物，讲究比例的准确，不必刻画面部和服装细节。而近景必须画人时要有利于画面构图，虽然可能刻画面部，但不必有过分表情，服饰及色彩也不必过分鲜艳，以免喧宾夺主，见图 6-25。

人物画法

图 6-25　远、中、近景人物的画法

第7章

室内设计表现图作品选登

第 7 章　室内设计表现图作品选登

7.1　商场、营业厅

图 7-1　商场（透明水色）　陈六汀　作

图 7-2　上海国际广场中庭（钢笔淡彩）　林嘉　作

图 7-3　商店门面（马克笔）　符宗荣　作

图 7-4　商品陈列台（钢笔淡彩加喷绘）　左琰　作

图 7-5　商铺（马克笔）　刘椿　作

图 7-6　美发厅（马克笔）　符宗荣　作

7.2　餐饮、娱乐空间

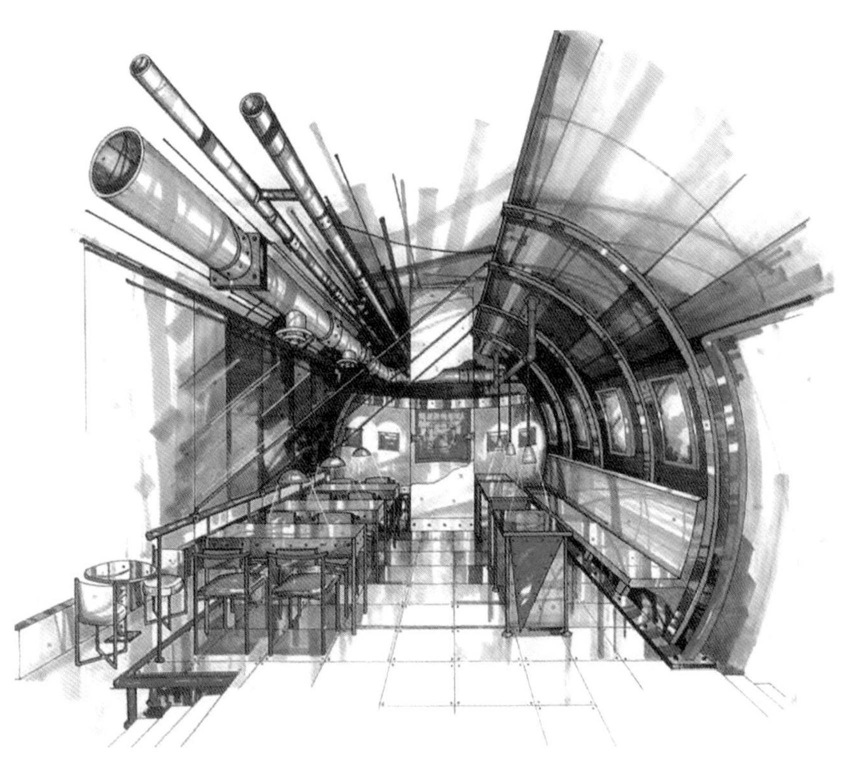

图 7-7　快餐店（马克笔）　刘椿　作

图 7-8　酒吧（马克笔）　刘椿　作

图 7-9　风味小餐厅（水粉）　陈缨　作

图 7-10　西餐厅（马克笔）　刘椿　作

图 7-11　快餐店（马克笔）　符宗荣　作

图 7-12　电梯厅（马克笔）　符宗荣　作

图 7-13　咖啡厅　张智忠　作

图 7-14　酒吧　陈卫东　作

图 7-15　卡拉 OK 演唱包间（马克笔、彩铅）　符宗荣　作

图 7-16　某饭店入口（彩铅）　符宗荣　作

图 7-17　迪厅（马克笔）　刘椿　作

图 7-18　卡拉 OK 包房（透明水色）　陈六汀　作

7.3　大堂、中庭

图 7-19　酒店大堂（马克笔）　符宗荣　作

图 7-20　中式大堂（马克笔、彩铅）　符宗荣　作

图 7-21 西藏庆悦公馆大堂 董南亚 作

图 7-22 大厅（彩铅笔） 符宗荣 作

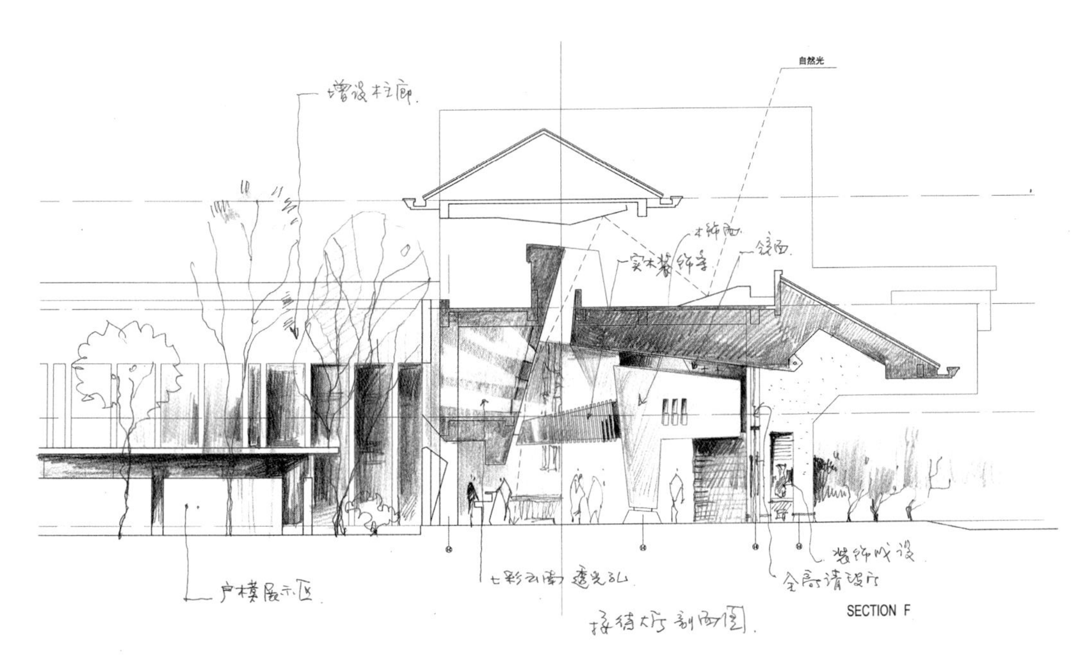

图 7-23　接待大厅剖面草图　陈卫东　作

图 7-24 接待大厅草图　陈卫东　作

图 7-25　写字楼大厅（马克笔）　符宗荣　作

图 7-26　门厅（马克笔）　符宗荣　作

图 7-27　会所大厅（马克笔）　符宗荣　作

图 7-28　会所休息厅（马克笔）　符宗荣　作

7.4 办公、会议、展示空间

图 7-29 办公空间一角（马克笔） 符宗荣 作

图 7-30 总经理办公室（马克笔） 符宗荣 作

图 7-31　会议室（马克笔、彩铅）　符宗荣　作

图 7-32　会议室（马克笔）　符宗荣　作

图 7-33　展示空间（马克笔、彩铅）　符宗荣　作

图 7-34　办公空间（马克笔）　符宗荣　作

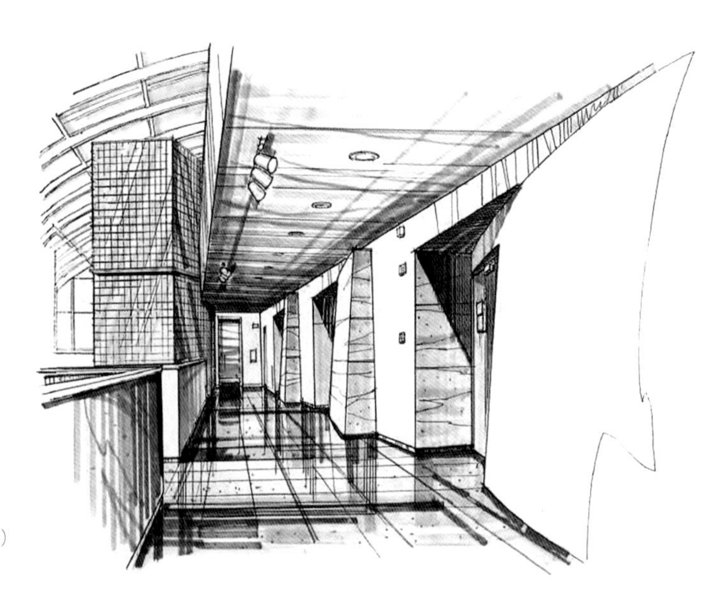

图 7-35　走廊（马克笔）
符宗荣　作

图 7-36　室内阶梯（马克笔）
符宗荣　作

7.5 卧室、客厅及住宅平面

图 7-37 别墅室内（手绘电脑处理） 骆承戈 作

图 7-38 别墅室内（手绘电脑处理） 骆承戈 作

图 7-39　卧室（水彩笔）　张林　作

图 7-40　起居室（水彩笔）　张林　作

图 7-41　起居室（水彩笔）　张林　作

图 7-42　新欧式客厅（马克笔）　符宗荣　作

图 7-43　带壁炉的客厅（彩铅、马克笔）　符宗荣　作

图 7-44　有木架床的客房（彩铅、马克笔）　符宗荣　作

图 7-45　主卧室（马克笔、彩铅）　符宗荣　作

图 7-46　客厅（马克笔、彩铅）　符宗荣　作

图 7-47　卧室（马克笔、彩铅）　符宗荣　作

图 7-48　明亮的客厅（马克笔）　符宗荣　作

图 7-49　超大进深的起居室（马克笔）　符宗荣　作

图 7-50 欧式住宅客厅（马克笔） 符宗荣 作

图 7-51 套房客厅（马克笔） 符宗荣 作

图 7-52　住宅卧室（马克笔）　符宗荣　作

图 7-53　住宅客房（马克笔）　符宗荣　作

图 7-54　小客厅（马克笔）
符宗荣　作

图 7-55　挑空客厅（钢笔淡彩）
林雪源　作

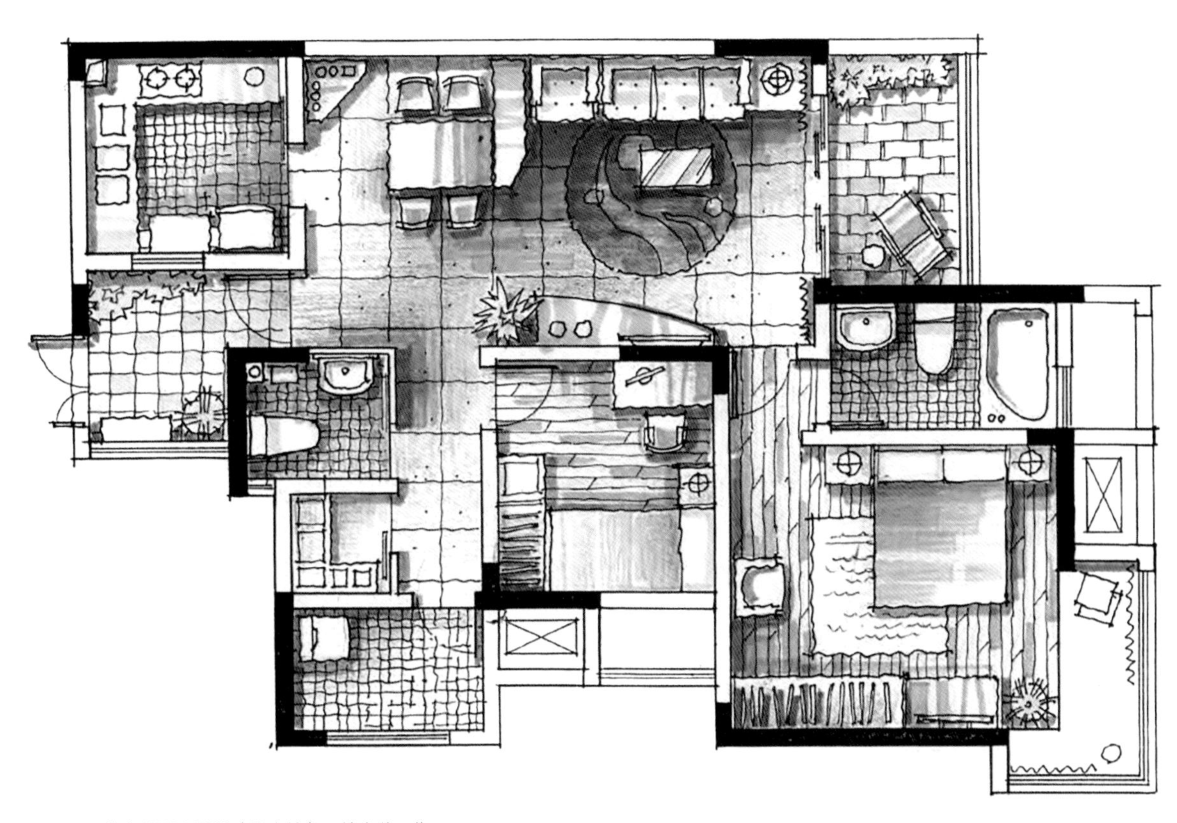

图 7-56　住宅平面布置图（马克笔）　符宗荣　作

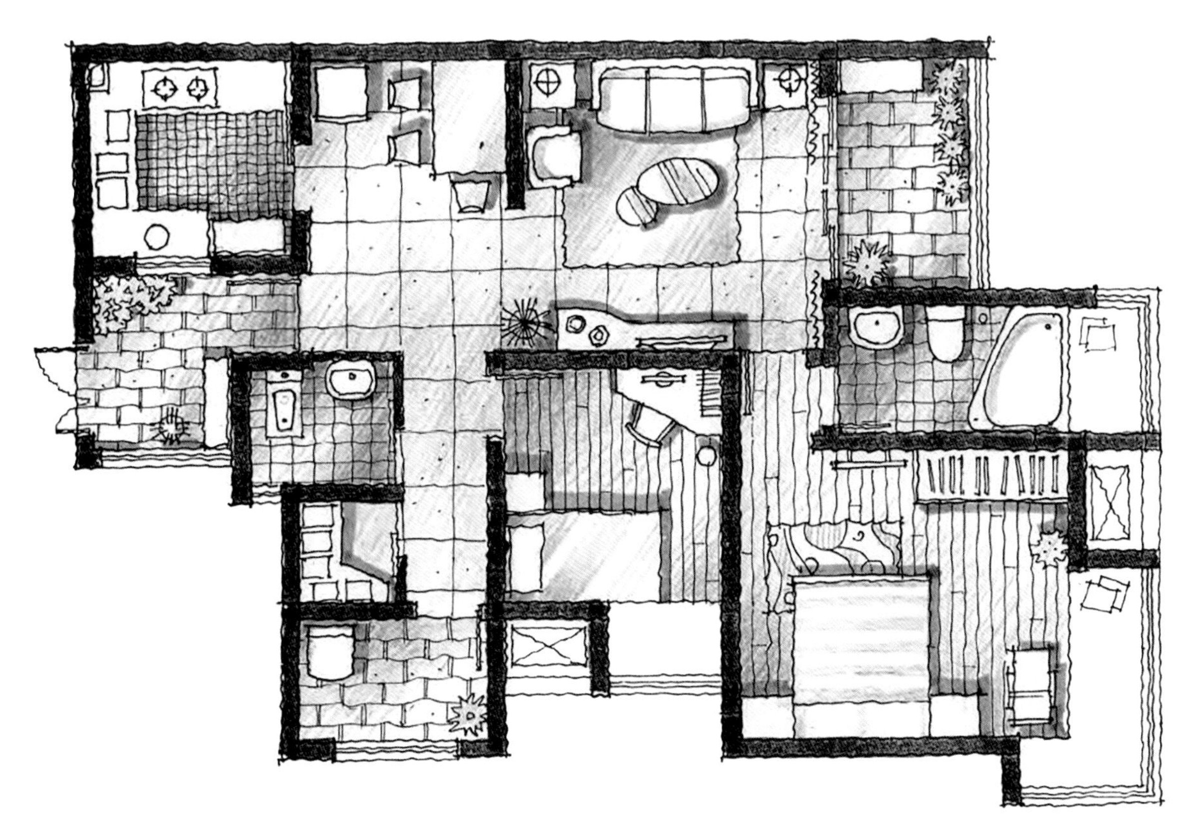

图 7-57　住宅平面布置图（彩铅）　符宗荣　作

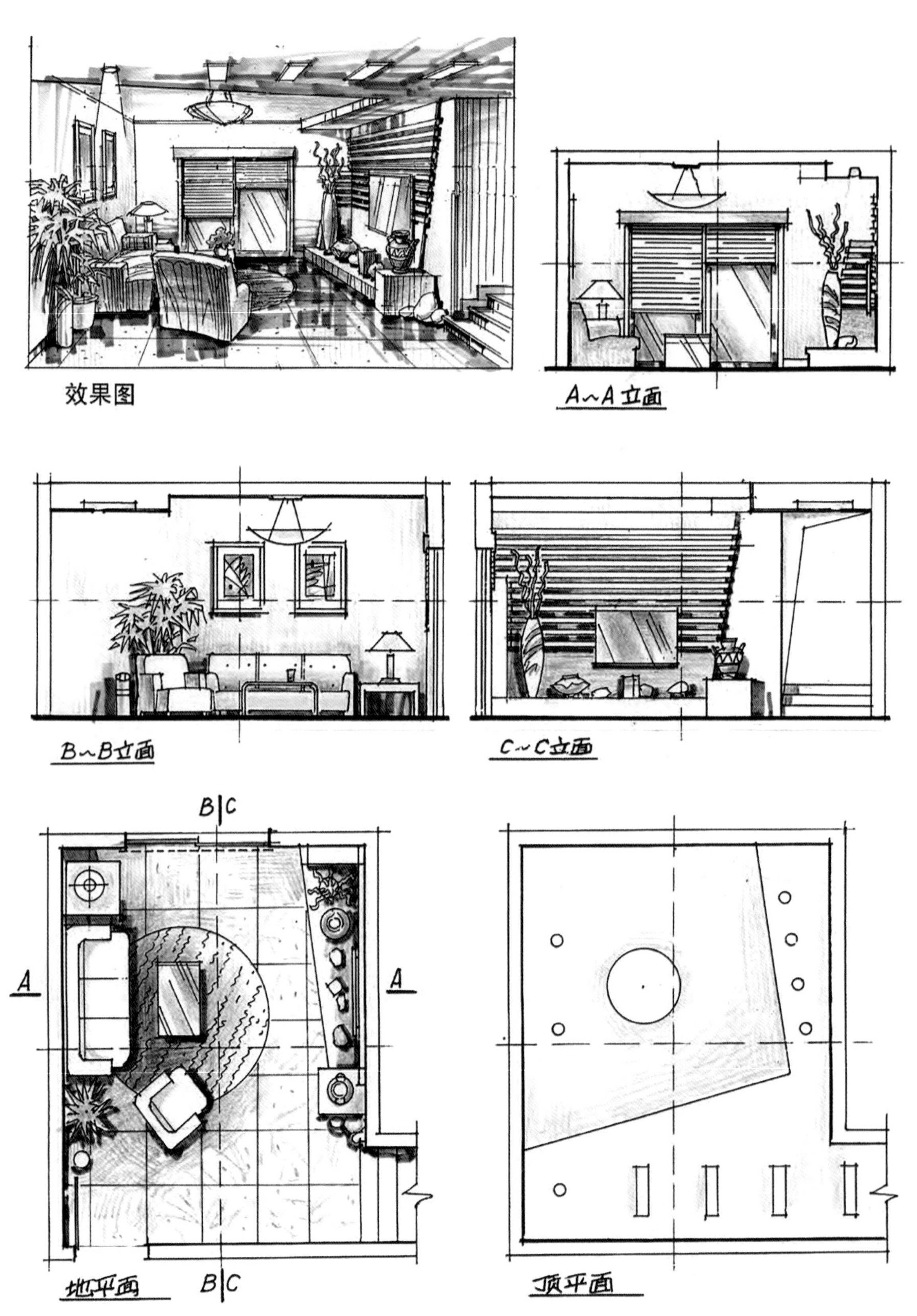

图 7-58　住宅客厅平、立面及效果图　符宗荣　作

参考文献

[1] 郑曙旸 . 室内表现图实用技法 [M]. 北京：中国建筑工业出版社，1991.

[2]（瑞士）约翰内斯 · 伊顿 . 色彩艺术 [M]. 杜定宇译 . 上海：上海人民美术出版社，1985.

[3] 许正孝 . 室内外空间透视法 [M]. 台北：新形象出版事业有限公司，1987.

[4] 罗启敏 . 美国最新室内透视图表现技法 [M]. 台北：新形象出版事业有限公司，1991.

[5] 王健 . 彩色透视表现法 [M]. 台北：茂荣图书有限公司，1990.

[6] 张林 . 张林建筑室内画选 [M]. 北京：中国建筑工业出版社，1995.

[7] 符宗荣 . 形态设计素描 [M]. 北京：中国建筑工业出版社，2014.

[8] 袁玉华 . 刘飞 . 室内设计表现技法 [M]. 武汉：华中科技大学出版社，2017.

图书在版编目（CIP）数据

室内设计表现图技法 = Rendering Techniques For Interior Design / 符宗荣等编著．— 4版．— 北京：中国建筑工业出版社，2023.5
住房和城乡建设部“十四五”规划教材 教育部高等学校建筑学专业教学指导分委员会室内设计工作委员会规划推荐教材 高等学校室内设计与建筑装饰专业系列教材 中国建筑学会室内设计分会水平评价系列指定教材
ISBN 978-7-112-28719-2

Ⅰ．①室… Ⅱ．①符… Ⅲ．①室内装饰设计—建筑构图—绘画技法—教材 Ⅳ．① TU204

中国国家版本馆 CIP 数据核字 (2023) 第 082503 号

责任编辑：杨 琪 陈 桦
责任校对：孙 莹

室内设计师往往都是通过语言、文字、图画、模型和时下流行的电脑等抽象或具象地表达的设计意图。本书25年前便由此应运而生，经历前三版的删减、增添、改写，内容从注重设计效果、表现技巧逐渐演变成关注设计思维、表现基础训练。紧跟时代步伐，把握动态脉络，以一技多能应千般变化，是再版修订本书的目标。内容包括室内设计表现图概述，室内表现图的构成要素，室内表现图的基础训练，室内透视快速成图法，分类技法介绍，室内材质、家具、陈设及氛围的表现，室内设计表现图作品选登七部分。

为了更好地支持相应课程的教学，我们向采用本书作为教材的教师提供课件，有需要者可与出版社联系。
建工书院：http://edu.cabplink.com
邮箱：jckj@cabp.com.cn 电话：（010）58337285

住房和城乡建设部“十四五”规划教材
教育部高等学校建筑学专业教学指导分委员会室内设计工作委员会规划推荐教材
高等学校室内设计与建筑装饰专业系列教材
中国建筑学会室内设计分会水平评价系列指定教材
室内设计表现图技法（第四版）
Rendering Techniques For Interior Design
符宗荣 曹正伟 杨古月 林雪源 编著
*
中国建筑工业出版社出版、发行（北京海淀三里河路9号）
各地新华书店、建筑书店经销
北京海视强森文化传媒有限公司制版
北京富诚彩色印刷有限公司印刷
*
开本：880毫米×1230毫米 1/16 印张：$8^1/_4$ 字数：206千字
2023年6月第四版 2023年6月第一次印刷
定价：**68.00**元（赠教师课件）
ISBN 978-7-112- 28719-2
（40807）